云南建设学校
国家中职示范校建设成果

国家中职示范校建设成果系列实训教材

建筑工程实例图册

黄 洁 主编
陈 超 张新义 主审

中国建筑工业出版社

图书在版编目（CIP）数据

建筑工程实例图册/黄洁主编. —北京：中国建筑工
业出版社，2014.7（2022.7重印）
国家中职示范校建设成果系列实训教材
ISBN 978-7-112-16959-7

Ⅰ. ①建… Ⅱ. ①黄… Ⅲ. ①建筑制图-中等专
业学校-教材 Ⅳ. ①TU204

中国版本图书馆CIP数据核字（2014）第120734号

本书选取了两套难度适中的中小型规模施工图，其结构类型分别为砌体结构和
框架结构，主要包括建筑、结构、给水排水、电气等施工图。
本书可作为中等职业学校建筑工程施工专业及相关专业的教学配套用书，也可
供建设行业岗位证书专业基础知识培训和自学参考。

* * *

责任编辑：聂 伟 陈 桦
责任设计：董建平
责任校对：张 颖 刘 钰

国家中职示范校建设成果系列实训教材
建筑工程实例图册
黄 洁 主编
陈 超 张新义 主审
*
中国建筑工业出版社出版、发行（北京西郊百万庄）
各地新华书店、建筑书店经销
霸州市顺浩图文科技发展有限公司制版
廊坊市海涛印刷有限公司印刷
*
开本：787×1092毫米 横1/8 印张：11 字数：300千字
2014年8月第一版 2022年7月第十三次印刷
定价：**29.00**元
ISBN 978-7-112-16959-7
（25750）

版权所有 翻印必究
如有印装质量问题，可寄本社退换
（邮政编码100037）

序　言

提升中等职业教育人才培养质量，需要大力推动专业设置与产业需求、课程内容与职业标准、教学过程与生产过程的"三对接"，积极推进学历证书和职业资格证书"双证书"制度，做到学以致用。

实现教学过程与生产过程的对接，全面提高学生素质、培养学生创新能力和实践能力，需要构建体现以教师为主导、以学生为主体、以实践为主线的中等职业教育现代教学方法体系。这就要求中等职业教育要从培养目标出发，运用理实一体化、目标教学法、行为导向法等教学方法，培养应用型、技能型人才。

但我国职业教育改革进程刚刚起步，以中等职业教育现代教学方法体系编写的教材较少，特别是体现理实一体化教学特点的实训教材非常缺乏，不能满足中等职业学校课程体系改革的要求。为了推动中等职业学校建筑类专业教学改革，作为国家中等职业教育改革发展示范学校的云南建设学校组织编写了《国家中职示范校建设成果系列实训教材》。

本套教材借鉴了国内外职业教育改革经验，注重学生实践动手能力的培养，涵盖了建筑类专业的主要专业核心课程和专业方向课程。本套教材按照住房和城乡建设部中等职业教育专业指导委员会最新专业教学标准和国家规范，以项目教学法为主要教学思路编写，并配有大量工程实例及分析，可作为全国中等职业教育建筑类专业教学改革的借鉴和参考。

由于时间仓促，编者水平和能力有限，本套教材肯定还存在许多不足之处，恳请广大读者批评指正。

《国家中职示范校建设成果系列实训教材》编审委员会
2014 年 5 月

前　言

建筑工程图是工程界的语言，是建筑工程施工的依据。对于将在建筑工程类企业工作的中职学生来说，熟练识读与绘制建筑工程图具有重要的意义。随着社会的发展，对中职学生动手能力要求越来越高。中等职业学校建筑类专业学校以就业为导向，以能力为本位的办学理念已经在专业课程教学中逐步贯彻和执行，故对实践性环节更加重视。

本图册选择了某住宅和某小学教学楼的建筑、结构、给水排水、电气施工图，其结构类型是常见的砌体结构和框架结构。本书编写时按现行相关建筑制图标准对该图纸进行了修改和整理，难度适中，可作为建筑类中职学生专业学习辅助资料。本图册不仅可以帮助学生掌握建筑工程图的识读和绘制方法及技能，还可作为施工组织、工程概预算、施工技术等实训的图纸资料。

本图册由云南建设学校专业教学部专业课教师编写。全书由黄洁主编，其中，程巧慧负责砌体结构住宅建筑、结构施工图的编写，秦庆秀和黄洁分别负责框架结构小学综合楼建筑、结构施工图的编写，蒋欣负责两套给水排水、电气施工图的编写。全书由云南建设学校陈超老师和云南省大理州建筑设计院张新义总工程师主审，云南省大理州建筑设计院唐琦负责图纸技术答疑。在此衷心感谢云南省大理州建筑设计院卢光武院长及杨雅情、唐琦、唐飞龙、刘明军、李正中、鲍鸿等工程师对本图册编写提供的大力支持。

由于编者水平有限，加之时间仓促，本书在编写过程中难免存在疏漏和不妥之处，恳请读者批评指正。

目　录

1 某砌体结构住宅 ……………………………………………………………… 1
　1.1 图纸目录 ………………………………………………………………… 1
　1.2 建筑施工图 ……………………………………………………………… 2
　1.3 结构施工图 ……………………………………………………………… 16
　1.4 给水排水施工图 ………………………………………………………… 30
　1.5 电气施工图 ……………………………………………………………… 42
2 某框架结构小学综合楼 ……………………………………………………… 49
　2.1 图纸目录 ………………………………………………………………… 49
　2.2 建筑施工图 ……………………………………………………………… 50
　2.3 结构施工图 ……………………………………………………………… 60
　2.4 给水排水施工图 ………………………………………………………… 73
　2.5 电气施工图 ……………………………………………………………… 77

1 某砌体结构住宅

1.1 图纸目录

专业	序号	图纸编号	图纸名称	图幅	页码	专业	序号	图纸编号	图纸名称	图幅	页码
建筑	01	建施-01	建筑施工图设计说明、室内装修表	A2	2	结构	25	结施-11	17.400m标高屋面结构布置图、通用大样图	A2	26
	02	建施-02	总平面图	A2	3		26	结施-12	L-1~L-7、WL-1~WL-6配筋图	A2	27
	03	建施-03	一层平面图	A2	4		27	结施-13	建筑大样配筋图	A2	28
	04	建施-04	二层平面图	A2	5		28	结施-14	楼梯配筋图	A2	29
	05	建施-05	三~五层平面图	A2	6	给水排水	29	水施-01	给水排水施工图设计说明、UPVC塑料管最大支承间距	A2	30
	06	建施-06	六层平面图	A2	7		30	水施-02	设备及主要材料表	A2	31
	07	建施-07	屋顶平面图	A2	8		31	水施-03	一层给水排水平面图	A2	32
	08	建施-08	①-⑬立面图	A2	9		32	水施-04	二层给水排水平面图	A2	33
	09	建施-09	⑬-①立面图	A2	10		33	水施-05	给水、热水系统原理图	A2	34
	10	建施-10	①-Ⓐ立面图	A2	11		34	水施-06	污水、废水系统原理图	A2	35
	11	建施-11	1-1剖面图	A2	12		35	水施-07	三~五层给水排水平面图	A2	36
	12	建施-12	各层楼梯平面详图、卫生间大样图、门头大样、Ⓐ线条大样	A2	13		36	水施-08	六层给水排水平面图	A2	37
	13	建施-13	a-a剖面、b-b剖面、①、②、③、④、⑦、⑧大样	A2	14		37	水施-09	屋顶水箱给水平面图、屋顶水箱给水系统图、水表箱配水系统图	A2	38
	14	建施-14	门窗立面图、TC1519详图、门窗表、⑤、⑥大样	A2	15		38	水施-10	屋顶给水排水平面图	A2	39
结构	15	结施-01	结构施工图设计说明、地圈梁、圈梁转角大样图	A2	16		39	水施-11	卫生间、厨房给水、热水、排水系统图	A2	40
	16	结施-02	基础平面布置图(B1栋四单元连)、基础详图	A2	17		40	水施-12	卫生间、厨房给水排水大样图	A2	41
	17	结施-03	基础平面布置图(B2栋两单元连)、基础详图	A2	18	电气	41	电施-01	电气施工图设计说明、主要材料表	A2	42
	18	结施-04	2.900m标高楼层板配筋图、圈梁、构造柱配筋图	A2	19		42	电施-02	结线图	A2	43
	19	结施-05	5.800m标高楼层板配筋图	A2	20		43	电施-03	一层电气平面图、二~六层电气平面图	A2	44
	20	结施-06	2.900m标高楼层结构布置图、5.800m标高楼层结构布置图	A2	21		44	电施-04	一层接地、弱电平面图	A2	45
	21	结施-07	8.700(11.600)m标高楼层板配筋图	A2	22		45	电施-05	二~六层弱电平面图	A2	46
	22	结施-08	14.500m标高楼层板配筋图	A2	23		46	电施-06	屋顶防雷平面图	A2	47
	23	结施-09	8.700(11.600)m标高楼层结构布置图、14.500m标高楼层结构布置图	A2	24		47	电施-07	弱电系统图、对讲门禁系统图	A2	48
	24	结施-10	17.400m标高楼层板配筋图	A2	25						

1.2 建筑施工图

建筑施工图设计说明

一、设计依据
1. ××规划局下发的《建设用地规划许可证》
2. ××社区提供的设计要求和意见
3. ××社区提供的现状地形图
4. ××社区提供的现状市政管线资料
5.《民用建筑设计通则》GB 50352—2005
6.《住宅设计规范》GB 50096—2011
7.《城市居住区规划设计规范》GB 50180—2002
8.《建筑设计防火规范》GB 50016—2006
9.《全国民用建筑工程设计技术措施-规划、建筑、景观》(2009版)
10. 其他现行的国家及地方有关规范、标准、规程、规定。

二、工程设计项目概况
1. 本项目为××社区宅基地安置小区B户型。
2. 本工程拟建于××省××市,用地现状为山地,位于××经济开发区××村东山苹果园。
3. 本工程建筑面积:1441.8m²;B型建筑面积:119.9m²;建筑层数:六层;建筑高度:18.32m。
4. 按消防分类,建筑类别为二类,建筑耐火等级为二级。
5. 以主体结构确定的设计使用年限为50年。
6. 结构类型:砌体结构;建筑物抗震设防烈度8度。
7. 建筑物屋面防水等级:二级。

三、设计标高
1. 高程系统为黄海高程。
2. 本设计除竖向标高及总图尺寸以米(m)为单位外,其余尺寸均以毫米(mm)为单位。
3. 图中±0.000相对应的绝对标高及室内外高差详见竖向图。
4. 施工图中的标高均为结构面标高。

四、节能设计
1. 本工程所在地所属的气候区为VB类气候区(温和地区),主要立面朝东西向,主要房间均能自然通风采光。气候在低纬度高海拔地理条件综合影响下,形成了低纬高原季风气候特点。四季温差较小,主导风向为西南风。本建筑不考虑供暖和空调装置。
2. 本工程的外墙材料为240mm厚黏土烧结砖,其与混凝土浇筑的复合结构传热系数为0.416kW/(m²·K)。屋面设有小平板架空隔热层,传热系数满足规范要求。
3. 外窗:本工程设计中多数采用气密性良好,传热性小的普通铝合金材料制作窗户,传热系数为6.4kW/(m²·K),气密等级:4级。

五、消防设计
1. 本工程建筑耐火等级为二级,根据《建筑设计防火规范》GB 50016—2006进行消防设计。
2. 本工程建筑面积1441.8m²,一个单元为一个防火分区。
3. 总体布局中,各单元之间防火间距均满足现行防火火规范。
4. 本工程为六层一梯两户单元式住宅,每单元设一个自然采光疏散楼梯,满足《建筑设计防火规范》。
5. 本工程墙、梁、板、楼梯等建筑构件均为不燃烧体,耐火极限均不低于1h,满足《建筑设计防火规范》。

六、无障碍设计
因本工程为××社区宅基地安置小区,经社区委员统计,社区宅基地安置对象并无残障人士,加上工程所在地为山地分台式地形,根据实际情况出发,本工程综合楼暂不考虑无障碍设计。

七、主要工程做法及说明
7.1 屋面工程
1. 屋面为不上人屋面,屋面防水等级为二级。屋面施工中严格遵照有关规定进行,并与设备安装密切配合,以确保屋面施工质量及排水通畅,避免渗透现象。
2. 屋面防水为SBS改性沥青防水涂料,二布六涂。屋面与女儿墙或外墙的交接处,要求做泛水,防水层翻起高度不小于300mm。原则上沿轴线线分仓缝兼做排气管。
3. 屋面结构层采用1:4~1:6水泥炉渣(焦渣)作找坡层,应捣实,表面平整,最薄处30mm。
4. 屋面雨水管做法详见西南11J201。
5. 屋面隔热层做法详见西南11J201。
6. 屋面防水材料质量需满足有关规范、规程。
7.2 墙体工程
1. 墙体标注有者外,均为240mm厚黏土烧结砖墙。砖标号及墙体砌筑砂浆标号见结构图纸;构造柱边宽度小于或等于150mm的门、窗垛采用同标号素混凝土浇筑。
2. 所选的墙体材料应严格按照有关规范、规程及该产品的施工要点、构造节点要求进行施工。
3. 女儿墙及长度大于5m的墙体(墙端部无转角墙或无钢筋混凝土柱拉结时)须加构造柱,构造做法详见结构统一说明;砌筑过高的墙体、不到顶的非承重墙,其砌筑用料及锚固方法详见结构统一说明,钢筋混凝土墙、柱与砌体墙连接之处均应设置拉结筋,其构造详见结构统一说明。砖墙的门窗洞口或较大的预留洞口,洞顶不到梁底的设混凝土过梁,过梁尺寸配筋详见结构图。
4. 墙身防潮层
(1)室内标高高于室外标高时,所有砌体墙身在低于相应室内地面标高0.06m处铺设20mm厚防水砂浆防潮层(1:2水泥砂浆掺3%防水剂)。
(2)室内相邻地面有高差时,在高差处墙身的外侧面加设20mm厚防水砂浆防潮层(1:2水泥砂浆掺3%防水剂)。
(3)卫生间除门洞位置地面与墙结合部位上卷与墙同宽120mm高素混凝土,混凝土强度同本层楼面地面混凝土强度,并与楼板一次捣,不留施工缝。
5. 内墙
(1)卫生间内墙面防水,需从该房间的地板做到1800mm高。
(2)室内墙面、柱面粉刷部分的阳角和窗口的阳角应用1:2水泥砂浆做护角,其高度不应低于2000mm,每侧宽度不小于50mm。
(3)风道、烟道等竖向内壁砌筑灰缝需饱满,并随砌随原浆抹光。
(4)所有埋入墙内、混凝土内的木制件及铁件需作防腐涂料涂刷。
(5)墙体面层喷涂或油漆须待粉刷基层干燥后方可进行粉刷。
6. 外墙
(1)刷涂料层面的外墙防水设计:在打底的水泥砂浆上面,涂一层1.5mm厚聚合物水泥基复合防水涂料。粉刷20mm厚1:2.5防水砂浆(掺3%防水剂)。面层粉刷采用8mm厚1:2.5聚合物水泥砂浆。
(2)凸出墙面的腰线、檐板、窗台等的上部应做不小于1%向外排水坡,下缘要做滴水。

7.3 防水工程
1. 地面、楼面防水
(1)防水材料选用厚度(mm):改性沥青防水涂料厚3mm,合成高分子防水涂料厚2mm。
(2)卫生间楼面防水材料为改性沥青一布四涂,并沿墙上翻1800mm。
(3)阳台防水材料为合成高分子防水涂料一布二涂。
(4)阳台标高比同楼层地面标高低40mm,并以1%的排水坡度斜向地漏。
2. 屋面防水:屋面防水材料为改性沥青二布六涂,做法详见西南11J201-2203b/P22(构造层次以本工程大样6、7、8标注为准)。
7.4 门窗工程
1. 铝合金窗立面分格及开启形式详见建施图及门窗大样,拉窗推拉门用90系列。
2. 铝合金门窗型材及安装应符合《铝合金门》98ZJ641、《铝合金窗》98ZJ721的要求,并按要求配齐五金配件。铝合金门主要结构型材壁厚应不小于2.0mm,铝合金窗主要结构型材壁厚应不小于1.4mm。
3. 铝合金门窗框与墙体相连接处用1:2中膨胀低碱水泥砂浆填塞缝隙,在窗框内与外墙面接触处留10mm×5mm凹槽用耐候硅酮密封胶嵌缝。用冷沥青涂在框内的凹槽处作防腐处理。用1:2水泥砂浆填实。
4. 门窗预埋在墙或柱内的木(铁)件应作防腐(防锈)处理。
5. 铝合金门窗一般为后安装施工,在建施平、立、剖图纸上标注的尺寸均为洞口尺寸。
6. 门窗立樘位置除图中注明者外,均居墙中。
7. 玻璃窗的强度、风压计算以及防火、防水等构造应由有专业资质的设计及施工单位承担,所用材料须有产品检验合格证。
8. 各种密封胶不得互相代用,用于玻璃装配的,必须为结构硅酮密封胶;用于堵缝的,必须为耐候硅酮密封胶。
9. 门窗小五金:凡选用标准门窗应按标准图配置齐全、非标准门窗应按设计指定品种规格配置(由生产厂家配套,设计认可)。
10. 外墙窗气密性要求:外窗在10Pa压差下,每小时每米缝隙的空气渗透量不应大于2.5m³且每小时每平方米面积的空气渗透量不应大于7.5m³,即不低于气密性能分级的3级。
7.5 油漆及防腐措施
1. 避雷带表面镀锌,所有预埋件作防腐防锈处理,金属构配件、预埋件及套管,均刷红丹防锈漆两道。
2. 楼梯钢栏杆红丹打底黑色油漆两道,钢管扶手红丹打底黑色油漆两道。
3. 金属面油性调和漆,做法详见西南11J312-5113/P80。
7.6 室内外装修
1. 外立面装修材料及颜色详见立面标注。
2. 所有挑出构件檐口、门窗洞口上檐、雨篷等应做半圆凹槽滴水线,半径为15mm。
3. 若有较高要求的装修另行委托二次装修施工,但二次装修施工图须经设计单位各专业人员核对,确保对土建施工质量和室内外设计风格的统一无影响后,方可进行装饰工程施工。
4. 凡需安装吊顶的房间在浇筑各层楼面板时,均需在楼面板内预留φ6钢筋吊钩,伸入板内200mm与2根板底钢筋绑扎锚固,吊钩刷红丹防锈漆。
5. 楼梯踏步防滑条见西南11J412-5/P60。
6. 楼梯间扶手见西南11J412-4/P41,长度超过500mm的水平段总高度为1050mm。
7. 外墙变形缝做法见11J112-5/P56。
8. 外墙装修做法参见《西南地区建筑标准设计通用图集》。
9. 外墙面乳胶漆质量需满足国家有关规范、规程的要求。
10. 室内装修详见室内装修表和局部大样图。
7.7 要求施工特别注意事项
1. 砌体要求平整,灰缝均匀饱满,所有墙、柱、地(地)面、顶棚等抹面及面层粉刷要平整、洁净并符合有关工程施工及验收规范要求。
2. 外墙线脚、飘板、窗顶、窗底及雨篷底边线均应做滴水线。
3. 室内地坪先将原土平整,如有填土则应分层洒水夯实,如填砂则应用水冲实,然后捣制100mm厚C15混凝土垫层(包括门口踏步及散水),垫层分缝不大于6m×6m,缝宽20mm。
4. 各设备专业预留洞与预埋件详见设备专业图纸,所有砌体、钢筋混凝土板,如有孔洞,必须在施工前配合有关专业图纸预留,不得事后打洞,如遇特殊情况事后打洞,须采取加固措施。
5. 设计图中的排水管及地漏位置仅为示意,具体详见水施图。所有雨水管、排污管安装完毕后必须灌水试验。如采用UPVC管应按有关技术规定施工。
6. 凡埋入墙柱内需作防锈处理。外露铁构件经除锈后,均涂防锈漆一道,油面漆两道,颜色按图纸要求或同所在墙面的颜色。
7. 所有木件均需作防腐及防白蚁处理。
8. 本施工图所用的建筑材料及装修材料必须符合《民用建筑工程室内环境污染控制规范》GB 50325—2010的规定。
9. 本工程所有装饰材料均应先取样板(或色板)会同设计、施工、使用单位认可后方可订货使用。
10. 工程所有橱窗、货架货柜、家具及厨具等一律由建设单位或使用单位自理,图中仅作位置示意。
11. 图中未详尽之处,需严格按照国家现行工程施工及验收规范执行。
7.8 其他
1. 卫生间、洗手间、厕所等的卫生洁具除注明者外均选用成品,其尺寸样式见设备图。
2. 沿建筑物外墙四周设散水和排水暗沟,详见西南11J812-2/P4和西南11J812-(5a)2a/P3。
3. 本工程施工时各工种之间应密切配合,凡管线安装均须预留预留孔洞,不得事后穿凿墙洞。
4. 施工单位应严格按照图纸施工,若有不详之处,应与设计单位及时联系,未经设计单位同意,不得任意变更,设计变更须征得甲方及设计单位同意并书面认可。施工操作应严格按照国家颁发的有关工程施工及验收规范实施。本图所述施工要求不尽详细之处均按国家有关验收规范执行。

室内装修表

做法及图集 房间名称	地面	楼面	墙面	踢脚	顶棚	吊顶
客厅、餐厅、卧室、厨房	面层用户自定义 100mm厚C10混凝土垫层 素土夯实	用户自定义	M5水泥混合砂浆	用户自定义	M10水泥混合砂浆	用户自定义
卫生间	地砖地面 西南11J312-3122Db (2)/P12	地砖楼面 西南11J312-3123L (2)/P13	M5水泥混合砂浆		M10水泥混合砂浆	用户自定义
楼梯间	米黄抛光地砖 西南11J312-3122Da (1)/P12	米黄抛光地砖 西南11J312-3123L (1)/P13	M5水泥混合砂浆 双飞粉饰面	黑色瓷砖踢脚 11J312-4128Ta/P75	M10水泥混合砂浆 双飞粉饰面 西南11J312-5134/P83	

××
建筑设计院

注册师

(签字)

项目负责人

(签字)

××小区
B户型住宅

建筑施工图设计说明、
室内装修表

设计号	
图别	建施
图号	建施-01
设计	
校核	
审核	
审定	
日期	

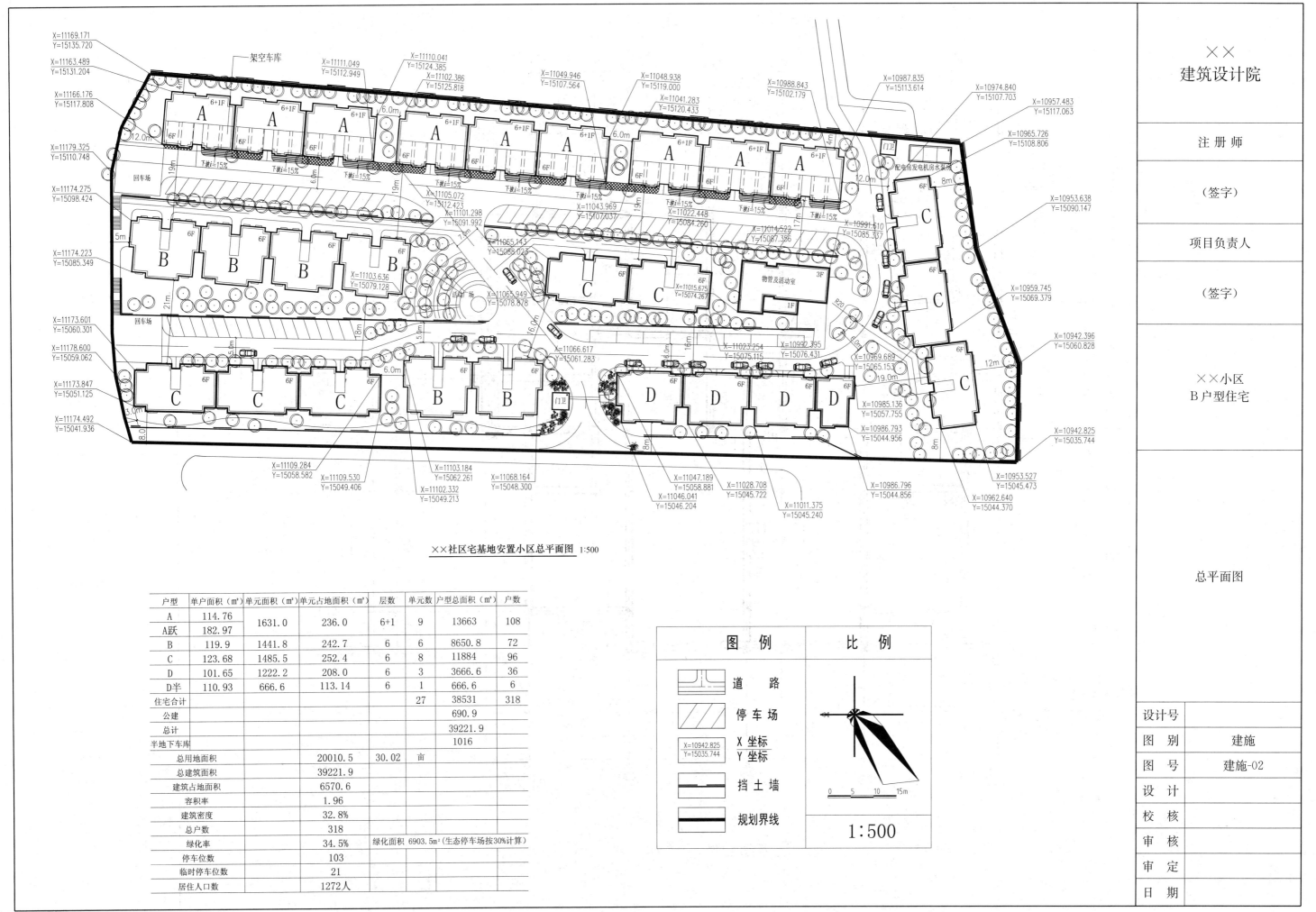

××社区宅基地安置小区总平面图 1:500

户型	单户面积（m²）	单元面积（m²）	单元占地面积（m²）	层数	单元数	户型总面积（m²）	户数
A	114.76	1631.0	236.0	6+1	9	13663	108
A跃	182.97						
B	119.9	1441.8	242.7	6	6	8650.8	72
C	123.68	1485.5	252.4	6	8	11884	96
D	101.65	1222.2	208.0	6	3	3666.6	36
D半	110.93	666.6	113.14	6	1	666.6	6
住宅合计					27	38531	318
公建						690.9	
总计						39221.9	
半地下车库							1016

总用地面积	20010.5	30.02	亩
总建筑面积	39221.9		
建筑占地面积	6570.6		
容积率	1.96		
建筑密度	32.8%		
总户数	318		
绿化率	34.5%	绿化面积 6903.5m²（生态停车场按30%计算）	
停车位数	103		
临时停车位数	21		
居住人口数	1272人		

图 例

道 路

停 车 场

X 坐 标
X=10942.825
Y=15035.744
Y 坐 标

挡 土 墙

规划界线

比 例

0 5 10 15m

1：500

×× 建筑设计院

注 册 师

（签字）

项目负责人

（签字）

××小区
B户型住宅

总平面图

设计号

图 别　建施

图 号　建施-02

设计

校核

审核

审定

日 期

3

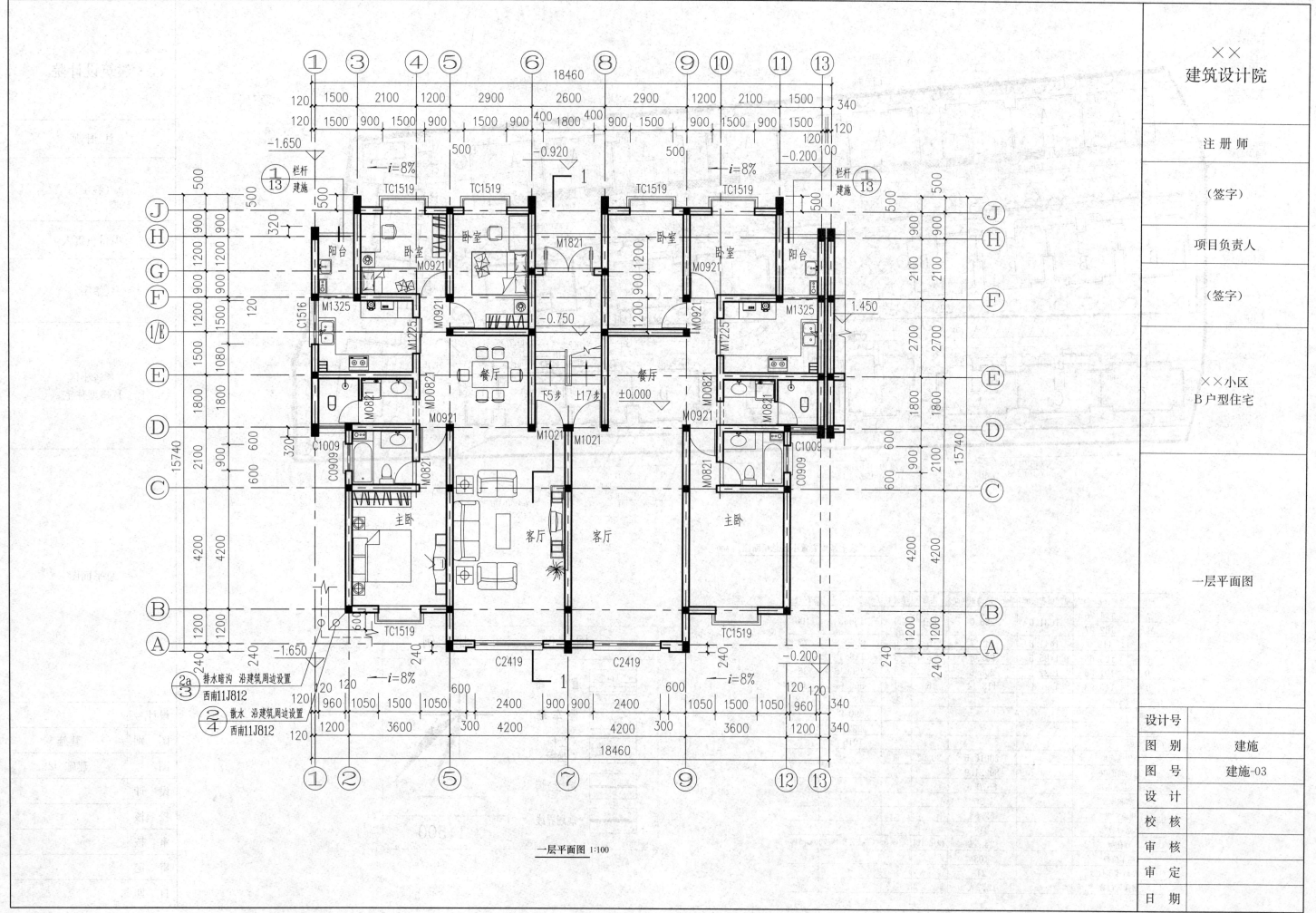

一层平面图 1:100

××
建筑设计院

注 册 师

（签字）

项目负责人

（签字）

××小区
B户型住宅

一层平面图

设计号	
图 别	建施
图 号	建施-03
设 计	
校 核	
审 核	
审 定	
日 期	

4

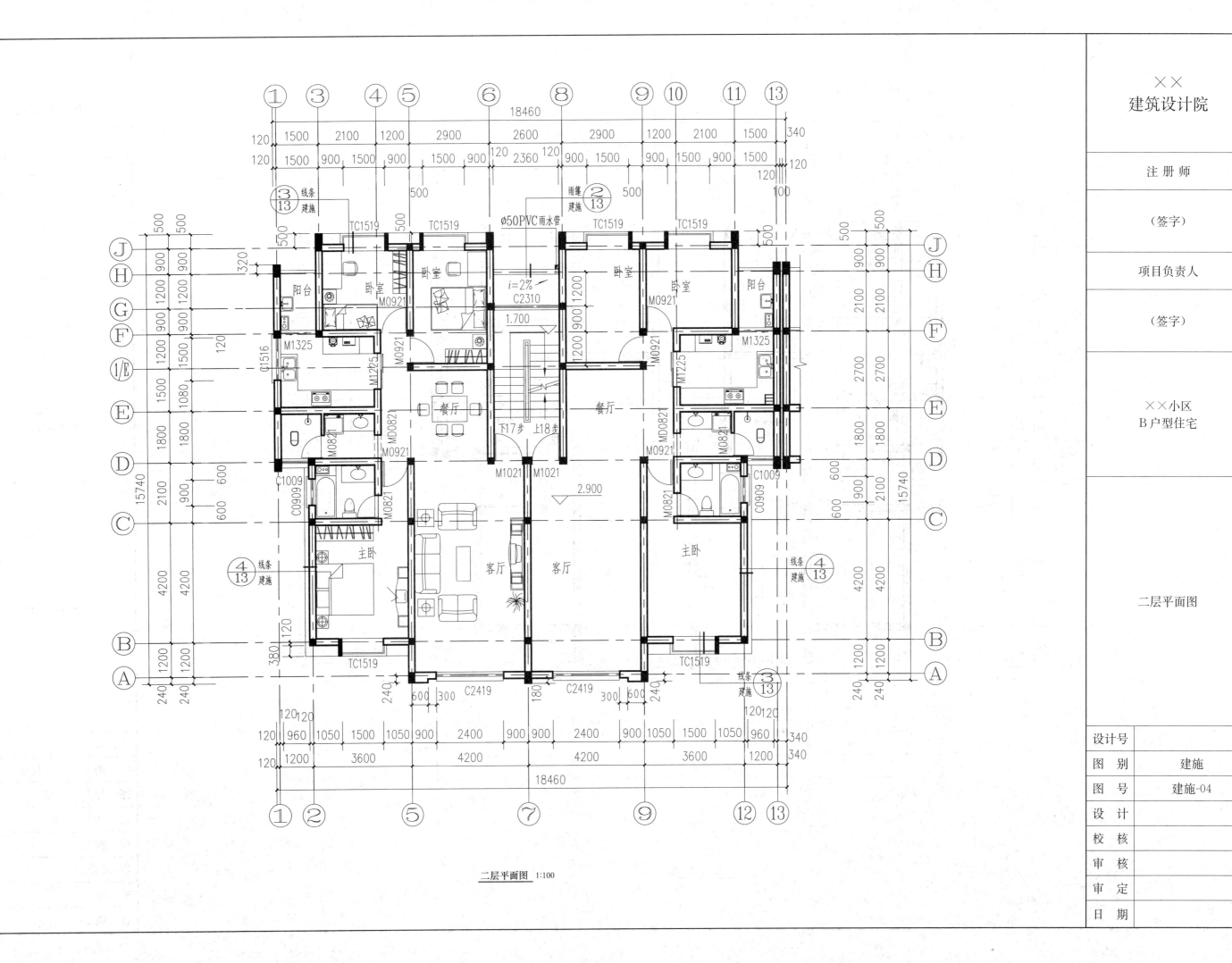

二层平面图 1:100

5

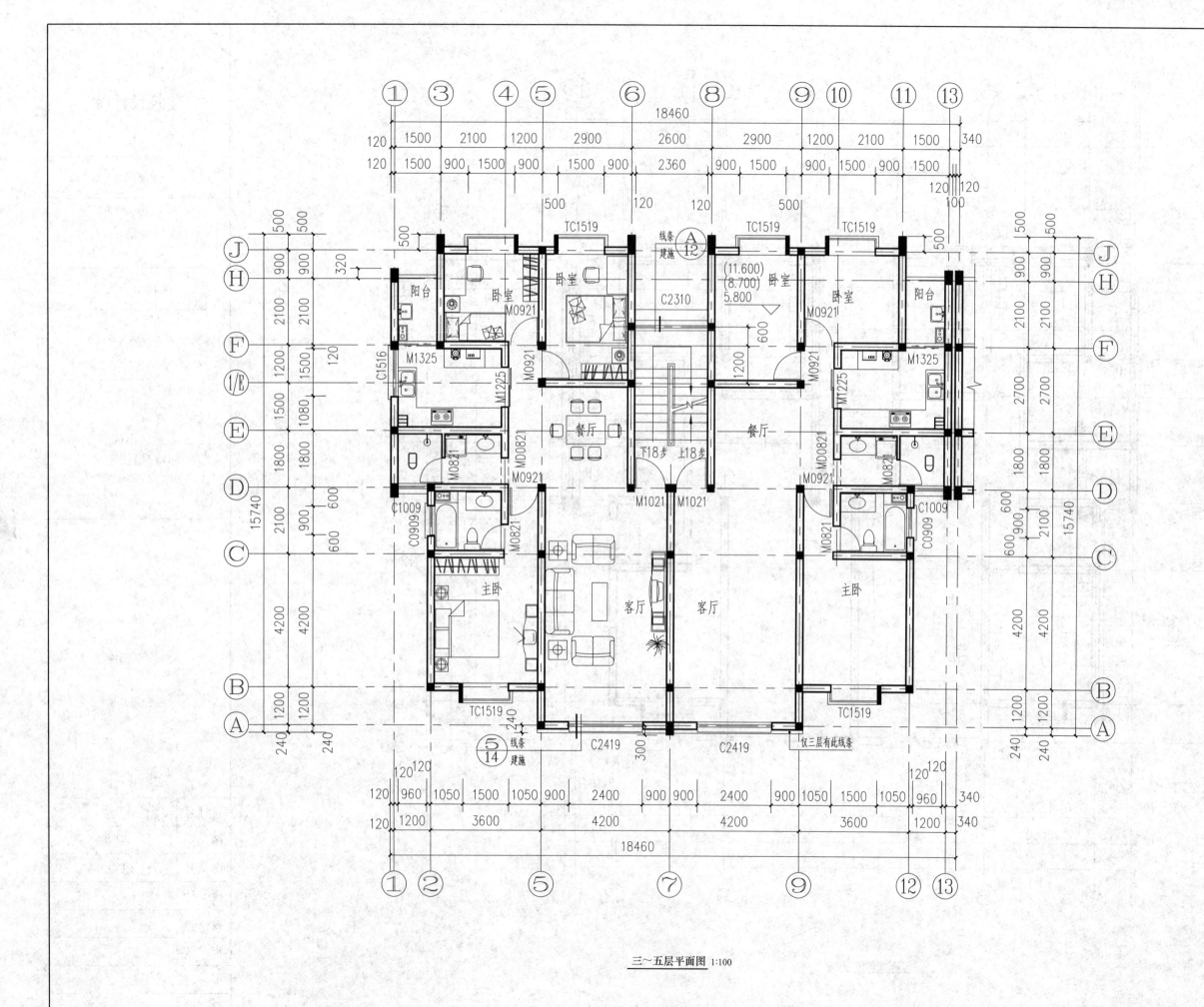

三~五层平面图 1:100

注 册 师

（签字）

项目负责人

（签字）

××小区
B户型住宅

三～五层平面图

设计号	
图 别	建施
图 号	建施-05
设 计	
校 核	
审 核	
审 定	
日 期	

6

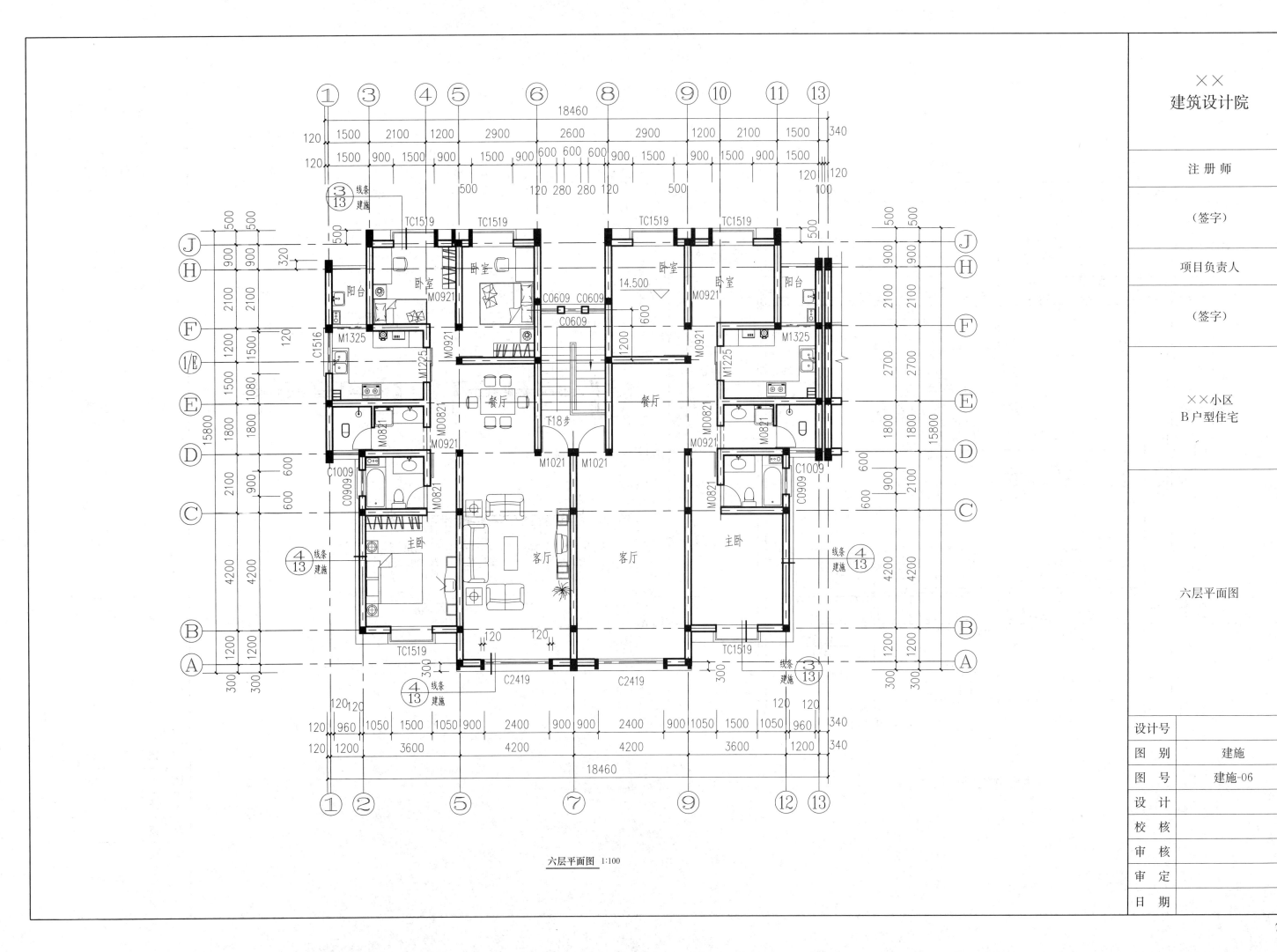

六层平面图 1:100

XX
建筑设计院

注 册 师

（签字）

项目负责人

（签字）

XX小区
B户型住宅

六层平面图

设计号	
图　别	建施
图　号	建施-06
设　计	
校　核	
审　核	
审　定	
日　期	

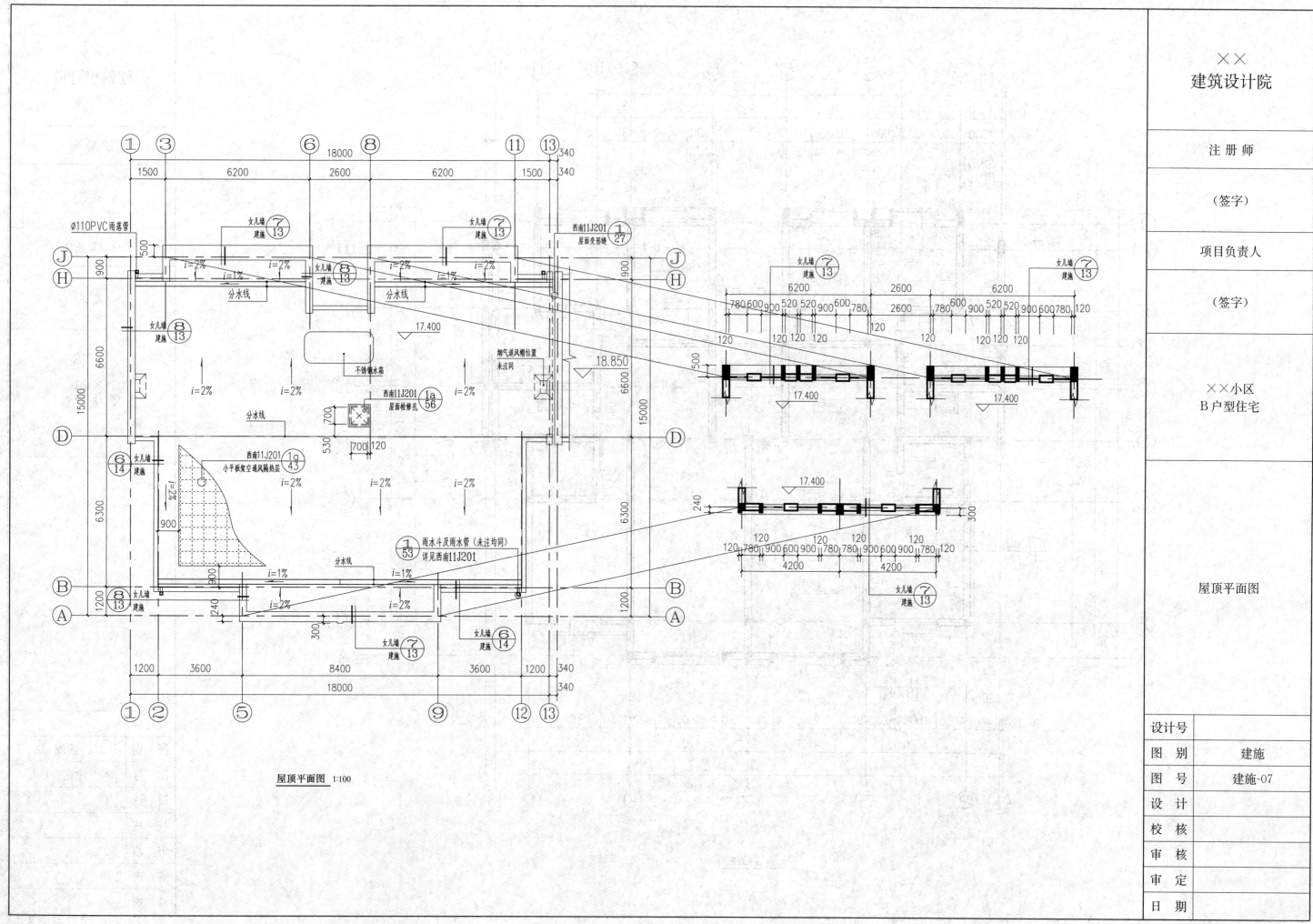

屋顶平面图 1:100

8

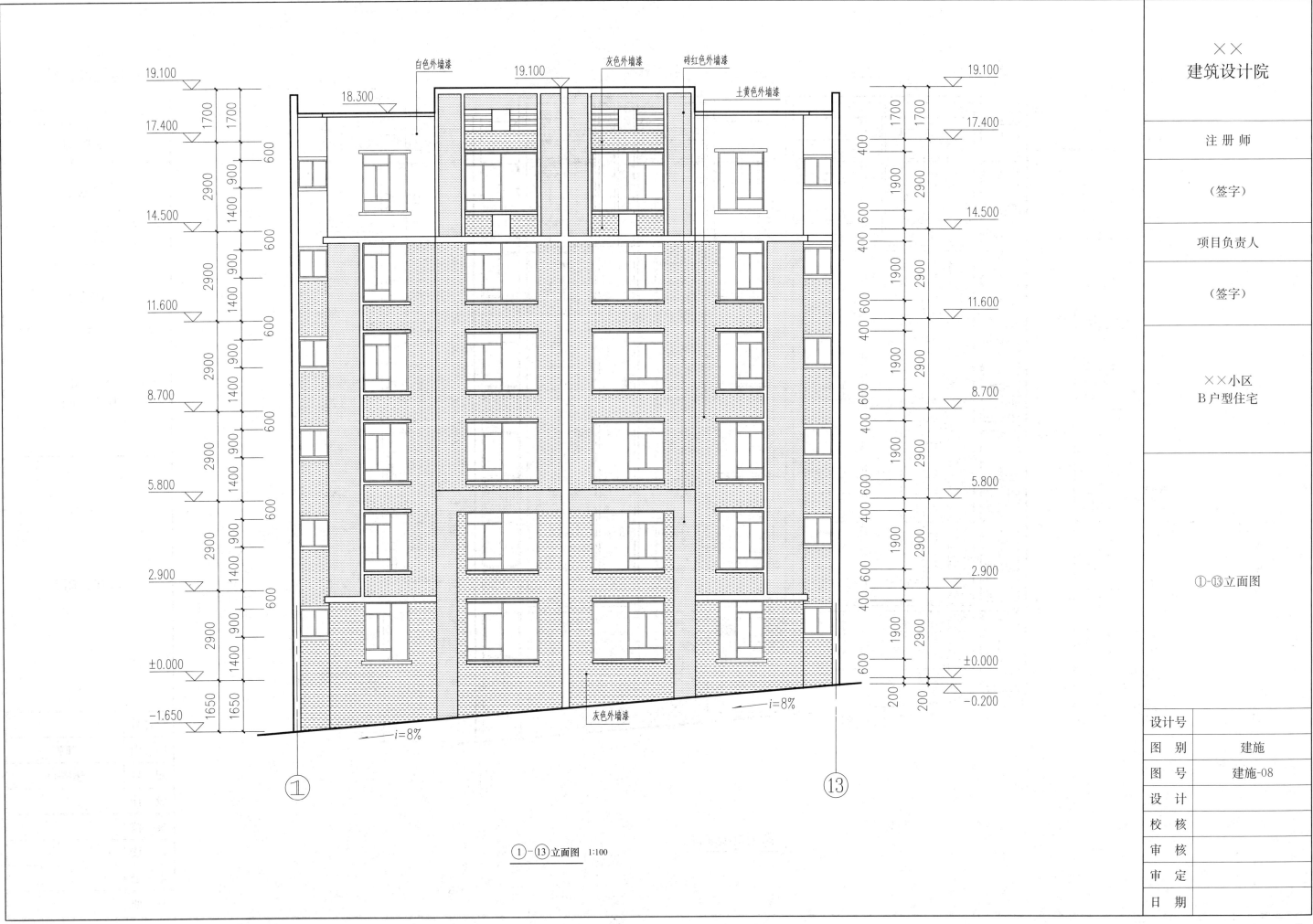

白色外墙漆　灰色外墙漆　砖红色外墙漆　土黄色外墙漆

19.100
18.300
19.100

灰色外墙漆

①—⑬立面图　1:100

①　⑬

××
建筑设计院

注　册　师

（签字）

项目负责人

（签字）

××小区
B户型住宅

①—⑬立面图

设计号	
图　别	建施
图　号	建施-08
设　计	
校　核	
审　核	
审　定	
日　期	

砖红色外墙漆　　　砖红色外墙漆　　　土黄色外墙漆　　　灰色外墙漆　　　白色外墙漆

19.100
18.300
19.100
17.400
14.500
11.600
8.700
5.800
2.900
±0.000
-0.200

19.100
17.400
14.500
11.600
8.700
5.800
2.900
±0.000
-1.650

1700　1700
400
2900　1900
600　400
2900　1900
600　400
2900　1900
600　400
2900　1900
600　400
2900　1900
600　400
2900　1900
600　400
2900　1900
200　200

1700　1700
400
1900　2900
600　400
1900　2900
600　400
1900　2900
600　400
1900　2900
600　400
1900　2900
600　400
1900　2900
600
1650　1650

灰色外墙漆

i=8%　　　　　　　　　　　　　　i=8%

⑬　　　　　　　　　　　　　　①

⑬－① 立面图 1:100

××
建筑设计院

注 册 师	
（签字）	
项目负责人	
（签字）	

××小区
B户型住宅

⑬－①立面图

设计号	
图 别	建施
图 号	建施-09
设 计	
校 核	
审 核	
审 定	
日 期	

10

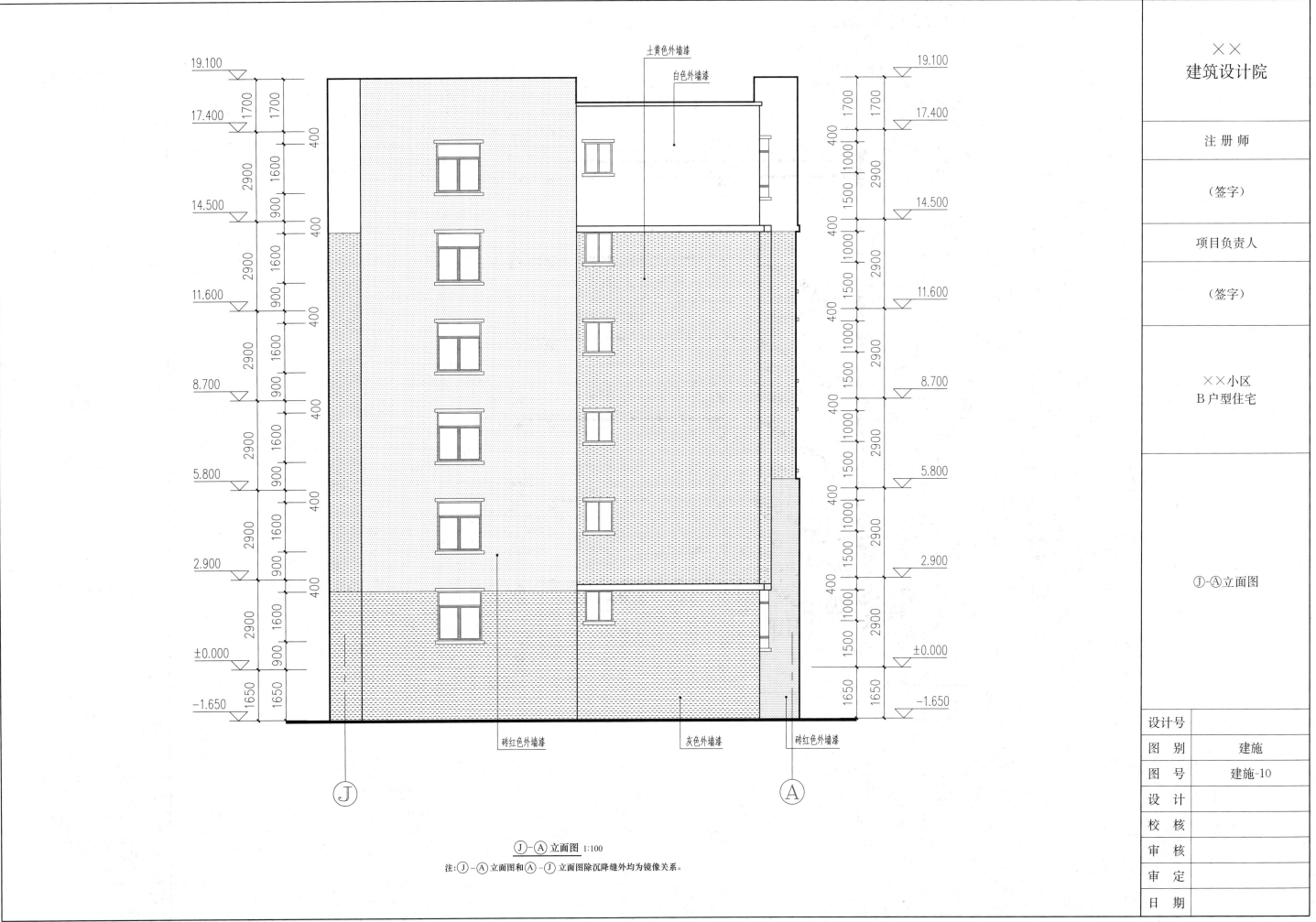

土黄色外墙漆
白色外墙漆

19.100
17.400
14.500
11.600
8.700
5.800
2.900
±0.000
−1.650

砖红色外墙漆　　灰色外墙漆　　砖红色外墙漆

Ⓙ　　　　　　　　　　　　　　Ⓐ

Ⓙ-Ⓐ立面图 1:100
注:Ⓙ-Ⓐ立面图和Ⓐ-Ⓙ立面图除沉降缝外均为镜像关系。

××
建筑设计院

注　册　师

（签字）

项目负责人

（签字）

××小区
B 户型住宅

Ⓙ-Ⓐ立面图

设计号	
图　别	建施
图　号	建施-10
设　计	
校　核	
审　核	
审　定	
日　期	

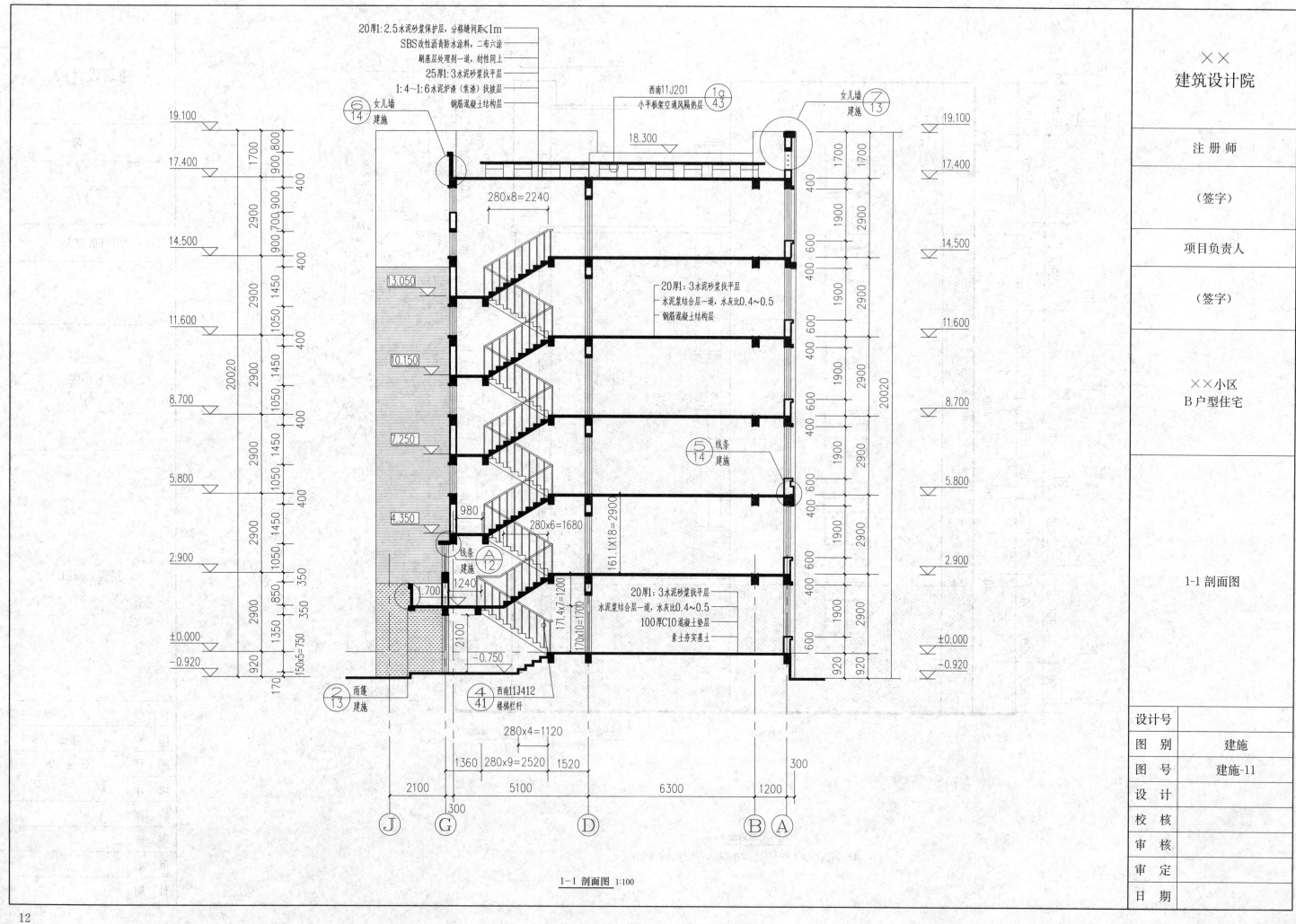

20厚1:2.5水泥砂浆保护层，分格缝间距≤1m
SBS改性沥青防水涂料，二布六涂
刷基层处理剂一道，材性同上
25厚1:3水泥砂浆找平层
1:4～1:6水泥炉渣(焦渣)找坡层
钢筋混凝土结构层

⑥ 女儿墙
14 建施

西南11J201 ①g
小平板架空通风隔热层 43

⑦ 女儿墙
13 建施

19.100
17.400
14.500
11.600
8.700
5.800
2.900
±0.000
-0.920

1700
900 800

2900
900 700 900
400

2900
900 1450
400

2900
1050 1450
400

20020
2900
1050 1450
400

2900
1050 1450
400

2900
1050 850 350
350

2900
1350
350

920
150x5=750
170

18.300
280x8=2240

13.050
10.150
7.250
4.350
1.700
-0.750

980
280x6=1680
161.1X18=2900
1240
2100
171.4x7=1200
170x10=1700

20厚1:3水泥砂浆找平层
水泥浆结合层一道，水灰比0.4～0.5
钢筋混凝土结构层

⑤ 线条
14 建施

Ⓐ
12

20厚1:3水泥砂浆找平层
水泥浆结合层一道，水灰比0.4～0.5
100厚C10混凝土垫层
素土夯实基土

② 雨篷
13 建施

④ 西南11J412
41 楼梯栏杆

19.100
17.400
14.500
11.600
8.700
5.800
2.900
±0.000
-0.920

1700
1700
400
1900
2900
400
1900
2900
400
1900
2900
400
20020
1900
2900
400
1900
2900
400
1900
2900
600
920
920

线条
建施

280x4=1120
1360 280x9=2520 1520
2100 5100 6300 1200
300 300

Ⓙ Ⓖ Ⓓ Ⓑ Ⓐ

1-1 剖面图 1:100

×× 建筑设计院

注 册 师
(签字)

项目负责人
(签字)

×× 小区
B 户型住宅

1-1 剖面图

设计号
图 别 建施
图 号 建施-11
设 计
校 核
审 核
审 定
日 期

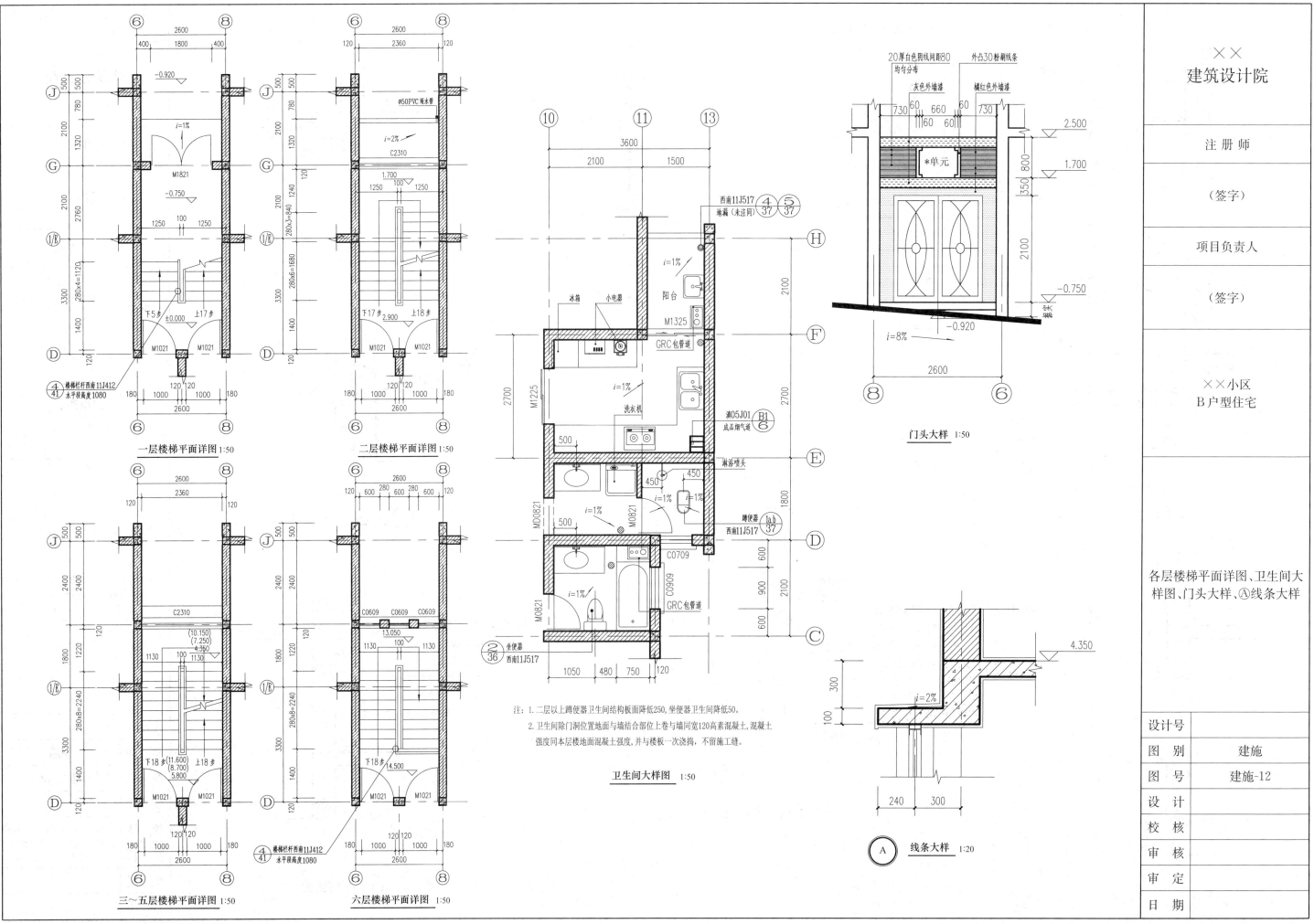

一层楼梯平面详图 1:50

二层楼梯平面详图 1:50

三～五层楼梯平面详图 1:50

六层楼梯平面详图 1:50

卫生间大样图 1:50

注: 1. 二层以上蹲便器卫生间结构板面降低250,坐便器卫生间降低50。
    2. 卫生间除门洞位置地面与墙结合部位上卷与墙同宽120高素混凝土,混凝土
       强度同本层楼地面混凝土强度,并与楼板一次浇捣,不留施工缝。

门头大样 1:50

A 线条大样 1:20

××		
建筑设计院		
注 册 师		
(签字)		
项目负责人		
(签字)		
××小区 B户型住宅		
各层楼梯平面详图、卫生间大 样图、门头大样、Ⓐ线条大样		

设计号	
图 别	建施
图 号	建施-12
设 计	
校 核	
审 核	
审 定	
日 期	

13

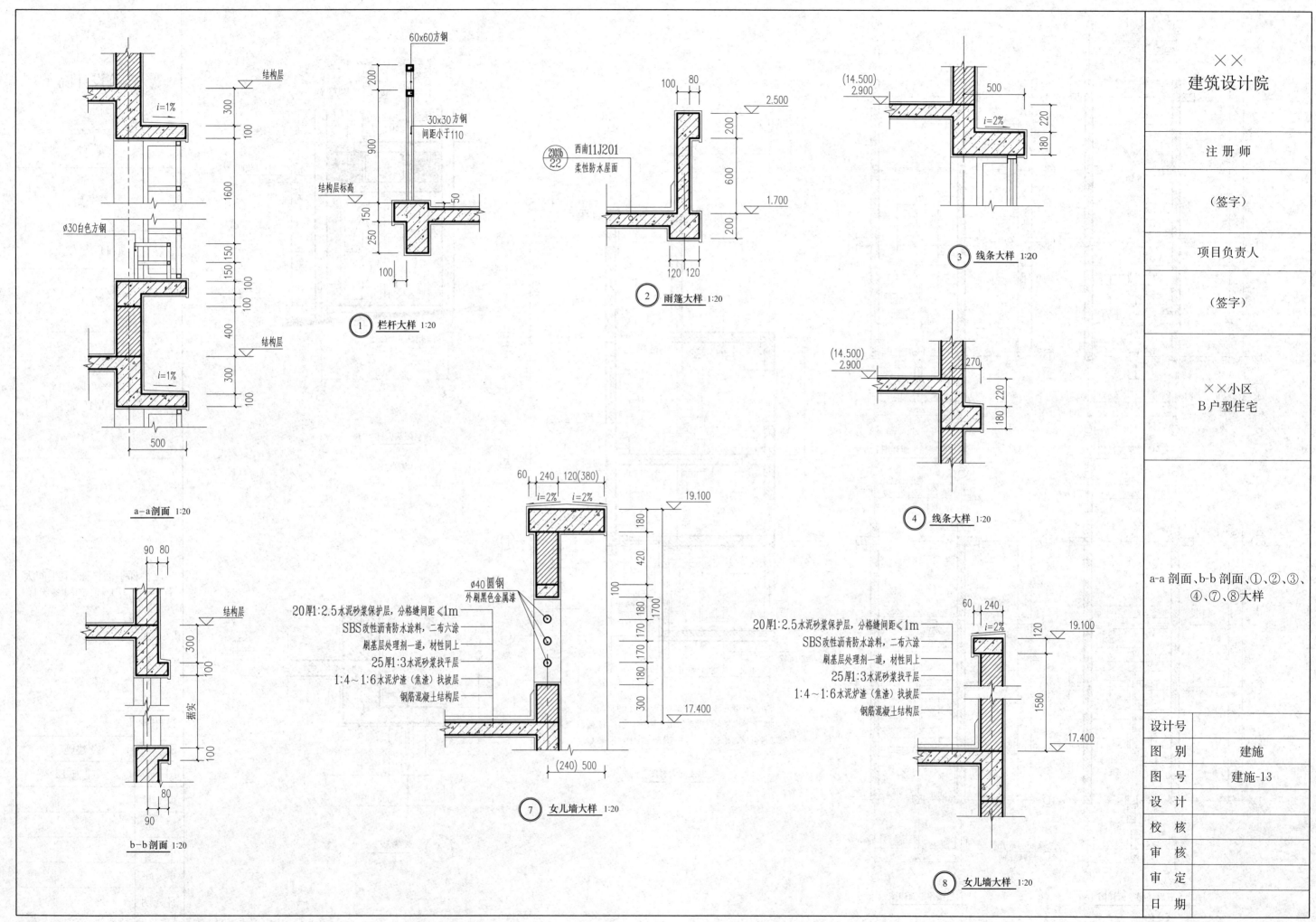

结构层

i=1%

300
100

ϕ30白色方钢

1600

150 150
100 100
100
400

结构层

i=1%

300
100

500

a−a 剖面 1:20

90 80

结构层

300
100

据实

100

90
80

b−b 剖面 1:20

60x60方钢

200

900

30x30方钢
间距小于110

结构层标高

150

250

50

100

① **栏杆大样** 1:20

100 80

2.500

200
600
200

1.700

2003b
22

西南11J201
柔性防水屋面

120 120

② **雨篷大样** 1:20

60 240 120(380)
i=2% i=2%

19.100

180
420
100
180
170
170
180
300

17.400

20厚1:2.5水泥砂浆保护层,分格缝间距≤1m
SBS改性沥青防水涂料,二布六涂
刷基层处理剂一道,材性同上
25厚1:3水泥砂浆找平层
1:4~1:6水泥炉渣(焦渣)找坡层
钢筋混凝土结构层

ϕ40圆钢
外刷黑色金属漆

(240) 500

1700

⑦ **女儿墙大样** 1:20

(14.500)
2.900

500

i=2%

220
180

③ **线条大样** 1:20

(14.500)
2.900

270

220
180

④ **线条大样** 1:20

20厚1:2.5水泥砂浆保护层,分格缝间距≤1m
SBS改性沥青防水涂料,二布六涂
刷基层处理剂一道,材性同上
25厚1:3水泥砂浆找平层
1:4~1:6水泥炉渣(焦渣)找坡层
钢筋混凝土结构层

60 240
i=2%

120
19.100

1580

17.400

⑧ **女儿墙大样** 1:20

××
建筑设计院

注 册 师

(签字)

项目负责人

(签字)

××小区
B户型住宅

a-a剖面、b-b剖面、①、②、③、
④、⑦、⑧大样

设计号

图 别　建施

图 号　建施-13

设 计

校 核

审 核

审 定

日 期

14

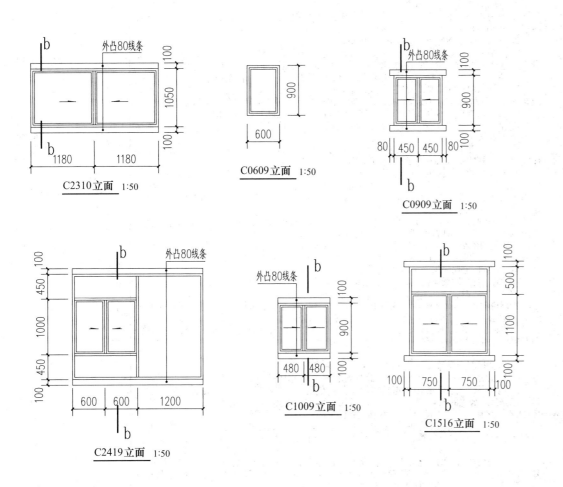

C2310 立面 1:50

C0609 立面 1:50

外凸80线条

C0909 立面 1:50

外凸80线条

C1009 立面 1:50

C1516 立面 1:50

C2419 立面 1:50

门窗表

类型	设计编号	洞口尺寸(mm)	数量	备注
门	M0821	800X2100	24	用户自定义
	M0921	900X2100	36	用户自定义
	M1021	1000X2100	12	入户防盗门
	M1225	1200X2500	12	用户自定义
	M1325	1260X2500	12	玻璃推拉门 做法见大样
	M1821	1800X2100	1	单元入口电子呼叫防盗门
门洞	MD0821	800X2100	12	门洞
窗	C0609	600X900	6	白色铝合金窗 窗台高度见1-1剖面 做法见大样
	C0909	900X900	12	白色铝合金窗 窗台高度1400 做法见大样
	C1009	960X900	12	白色铝合金窗 窗台高度1400 做法见大样
	C1516	1500X1600	6	白色铝合金窗 窗台高度900 做法见大样
	C2310	2360X1050	4	白色铝合金窗 窗台高度见1-1剖面 做法见大样
	C2419	2400X1900	12	白色铝合金窗 窗台高度600 做法见大样
凸窗	TC1519	1500X1900	36	白色铝合金窗 窗台高度600 做法见大样

注：凡窗台高度低于900的外窗室内均加设1050高方管制防护栏杆，刷白色油漆。

∅30方钢300高防护栏杆
间距110，刷白色油漆

TC1519

TC1519 平面 1:50

TC1519 立面 1:50

M1325 立面 1:50

20厚1:2.5水泥砂浆保护层，分格缝间距≤1m
SBS改性沥青防水涂料，二布六涂
刷基层处理剂一道，材性同上
25厚1:3水泥砂浆找平层
1:4~1:6水泥炉渣(焦渣)找坡层
钢筋混凝土结构层

i=1%
18.300
17.400

⑤ 线条大样 1:20

⑥ 女儿墙大样 1:20

×× 建筑设计院

注 册 师

（签字）

项目负责人

（签字）

×× 小区
B 户型住宅

门窗立面图、TC1519详图、
门窗表、⑤、⑥大样

设计号	
图 别	建施
图 号	建施-14
设 计	
校 核	
审 核	
审 定	
日 期	

15

1.3 结构施工图

结构施工图设计说明

一、工程概况

建设地点:本工程位于××省××市××村宅基地安置用地。

表1

结构单元	层数(建筑层数)	建筑高度(屋面)	结构体系	基础形式
B栋	6层	17.40m	砌体结构	墙下毛石混凝土基础

二、设计依据

1. 设计标准、规范、规程
1)《建筑地基基础设计规范》GB 50007-2011
2)《建筑结构荷载规范》GB 50009-2012
3)《建筑抗震设计规范》GB 50011-2010
4)《建筑地基处理技术规范》JGJ 79-2012
5)《建筑结构可靠度设计统一标准》GB 50068-2001
6)《混凝土结构设计规范》GB 50010-2010
7)《建筑抗震设防分类标准》GB 50223-2008
8)《砌体结构设计规范》GB 50003-2011
9)《混凝土结构工程施工质量验收规范》GB 50204-2002(2011年版)

2. 选用图集(包括勘误表在内)
1)《建筑物抗震构造详图》11G329-1
2)《钢筋混凝土过梁》03G322-1
3)《平法制图规则和构造详图》11G101图集
4)《混凝土结构施工钢筋排布规则与构造详图》12G901-1

3. 勘察报告:根据××建筑设计院2010年12月提供的《××市××区宅基地安置小区岩土工程勘察报告》。

三、设计标准及自然条件

1. 建筑结构的安全等级:二级,结构的设计使用年限:50年。
2. 抗震设防:抗震设防烈度为8度(0.2g);设计地震分组第一组。本工程砌体施工质量控制等级为B级。建筑抗震设防类别:标准设防(丙类)。有关抗震的结构构造措施应按相应的规范执行。
3. 地基基础设计等级:丙级,应按《建筑变形测量规程》JGJ 8-2007要求在施工及使用期间进行变形观测。
4. 本工程的混凝土结构的环境类别:室内正常环境为Ⅰ-A类,室内潮湿、露天及与水土直接接触部分为Ⅰ-B类。
5. 基本风压为0.65kN/m²,地面粗糙度为B类。
6. 场地地震效应:根据本工程《岩土工程勘察报告》,建筑场地类别为Ⅱ类,特征周期按《建筑抗震设计规范》取0.35s。
7. 根据本工程《岩土工程勘察报告》:场地地处场地,无活动性断裂、滑坡、泥石流、暗塘、暗沟等不良地质现象,场地稳定适宜建筑,但建筑场地属建筑抗震不利地段。场地为中硬场地土,场地未见地下水,中考虑地下水的腐蚀性。土层分布有①人工填土、②残积土、③全~强风化泥岩。基础开挖应尽量避开雨季。

四、主要计算程序

主要计算软件:中国建筑科学研究院PKPM系列PMCAD、PK、JCCAD、砌体结构辅助设计等软件(2009年7月版)。

五、设计使用荷载标准值

各功能用房的设计活荷载标准值如表2所示:

各功能用房设计活荷载标准值(kN/m²) 表2

部位	住宅楼面	楼梯	外挑阳台	上人屋面	不上人屋面	住宅卫生间
荷载	2.0	3.5	2.5	2.0	0.5	4.0

施工或检修集中荷载(人和小工具的自重)1.0kN;
楼梯、看台、阳台和上人屋面等的栏杆顶部水平荷载1.0kN/m。

六、地基基础

1. 基础为C15毛石混凝土墙下条基,基础持力层为②层残积土。
地基的液化等级为不液化土。地基土承载力特征值按 f_{ak}=250kPa进行设计。
基础开挖及相应地基处理经勘察部门确认达到结构要求承载力并签字后方可继续施工。
基槽开挖施工时须与地勘、设计紧密联系,基底标高根据实际情况有可能调整;如遇基础超深,超深部分做法详见结构图。

2. 开挖基槽前,施工单位必须查明基槽周围地下市政管网设施和相邻建(构)物的相关距离,根据勘察报告提供的参数进行支护或放坡,基坑支护应按云建(2004)909号文件执行。

3. 本工程应按基础图所注明的位置设置沉降观测点,施工期间每施工完一层进行一次沉降观测,主体封顶后,第一年每季度一次,第二年半年一次,直至沉降稳定为止。若发现沉降有异常时,应及时通知设计单位。建筑物沉降观测的具体要求详见《建筑变形测量规程》JGJ 8-2007中的有关规定。沉降观测由具有相应资质的单位承担。

七、主要建筑材料

1. 设计中所选用的各种建筑材料必须有出厂合格证明,并须经试验合格和质检部门抽检合格后方能使用。对抗震等级为一、二、三级的框架结构,其纵向受力钢筋采用普通钢筋时钢筋的抗拉强度实测值与屈服强度实测值的比值不应小于1.25,且钢筋的屈服强度实测值与强度标准值的比值不应大于1.30,且钢筋在最大拉力下的总伸长率实测值不应小于9%。

2. 钢筋:φ表示HPB300级钢筋,Φ表示HRB335级钢筋,Φ表示HRB400级钢筋。

3. 钢筋接头形式及要求:
(1)单梁、连续梁、构造柱主筋宜采用焊接,单面焊接10d,双面焊接5d,当受力钢筋直径≥22mm时宜采用直螺纹机械连接。
(2)接头位置宜设置在受力较小处,在同一根钢筋上宜少设接头。
(3)受力钢筋接头的位置应相互错开,当采用机械接头时,在任一35d且不小于500mm

区段内,和当采用绑扎搭接接头时,在任一1.3倍搭接长度的区段内,有接头的受力钢筋截面面积占受力钢筋总截面面积的百分率应符合表3要求;

表3

接头形式	受拉区接头数量	受压区接头数量
机械连接	50	不限
绑扎连接	25	50

4. 纵向钢筋的锚固长度、搭接长度
(1)纵向钢筋的锚固长度

表4

钢筋种类	抗震等级	混凝土强度等级				
		C20	C25	C30	C35	C40
HPB300	LabE 一、二级抗震等级	45d	39d	35d	32d	29d
	LabE 三级抗震等级	41d	36d	32d	29d	26d
	LabE Lab 四级抗震等级	39d	34d	30d	28d	25d
HRB335	LabE 一、二级抗震等级	44d	38d	33d	31d	29d
	LabE 三级抗震等级	40d	35d	31d	28d	26d
	LabE Lab 四级抗震等级	38d	33d	29d	27d	25d
HRB400	LabE 一、二级抗震等级	—	46d	40d	37d	33d
	LabE 三级抗震等级	—	42d	37d	34d	30d
	LabE Lab 四级抗震等级	—	40d	35d	32d	29d

注:HPB300钢筋的末端须做180°弯钩。HRB335、HRB400和RRB400级钢筋的直径大于25mm时,锚固长度应乘以修正系数1.1。

(2)纵向钢筋的搭接长度

表5

纵向钢筋的搭接接头百分率(%)	≤25	50	100
纵向受拉钢筋的搭接长度	1.2La(LaE)	1.4La(LaE)	1.6La(LaE)
纵向受压钢筋的搭接长度	0.85La(LaE)	1.0La(LaE)	1.13La(LaE)

注:受拉钢筋搭接长度不应小于300mm,受压钢筋搭接长度不应小于200mm。

5. 结构混凝土环境类别及耐久性的基本要求(参照GB/T 50476-2008规范执行)混凝土耐久性应满足表6的要求;纵向受力钢筋的混凝土保护层厚度详见表7;顶板、地下室底板、基础梁、地下室外墙、水池为Ⅰ-B类,其余为Ⅰ-A类。

混凝土耐久性基本要求 表6

环境类别	最大水灰比	最小水泥用量(kg/m³)	最低混凝土强度等级	最大氯离子含量(%)	最大碱含量(kg/m³)
Ⅰ A	0.60	250	C25	0.3	3.0
Ⅰ B	0.55	275	C30	0.2	3.0

注:1. 本表仅用于设计使用年限为50年的结构用混凝土,其耐久性的基本要求见表6(尚不包含预应力混凝土及掺外加剂混凝土结构)。
2. 氯离子含量系指其占水泥用量的百分率。
3. 当使用非碱活性活性骨料时,对混凝土中的碱含量可不作限制。

6. 纵向受力钢筋的混凝土保护层厚度(mm) 表7

环境类别	板、墙、壳			梁			柱		
	≤C20	C25~C45	≥C50	≤C20	C25~C45	≥C50	≤C20	C25~C45	≥C50
Ⅰ A	—	20	20	—	25	25	—	25	25
Ⅰ B	25	20	20	30	25	25	30	25	25

注:1. 基础中纵向受力钢筋的混凝土保护层厚度不应小于40mm;当无垫层时不应小于70mm。
2. 板、墙、壳中分布钢筋的保护层厚度不应小于表中相应数值减10mm,且不应小于10mm;梁柱中箍筋和构造钢筋的保护层厚度不应小于15mm。

7. 本工程混凝土强度等级(C)见表8,另有注明者除外。

混凝土强度等级选用表 表8

结构部位	混凝土强度等级	备注
基础	C15毛石混凝土	
楼梯	C25	
所有楼、屋面板	C25	
楼屋面层框柱、梁	C25	
其他	C25	构造柱、过梁、建筑大样

7. 墙体:一、二、三层采用M10混合砂浆砌MU10砖(优先采用MU15烧结页岩砖);四、五、六层采用M7.5混合砂浆砌MU10砖(优先采用MU15烧结页岩砖)。

墙体配筋具体为:
一、二层:纵向墙体沿墙每8匹砖设2Φ6,钢筋沿墙体通长布置,锚入柱内210mm。
一、二层:横向墙体沿墙每8匹砖设2Φ6,钢筋沿墙体通长布置,锚入柱内210mm。
三、四、五、六层:所有纵、横向墙体沿墙每8匹砖设2Φ6,钢筋伸入墙内1000mm,锚入柱内210mm。
楼梯间:各层楼梯间墙体在休息平台或楼层半高处设置60mm厚,同墙宽的钢筋混凝土带,配筋2Φ10,Φ6@300;顶层楼梯间内、外墙沿墙每8匹砖设2Φ6,钢筋通长布置。
顶层和底层窗台标高处:设置60mm厚,同墙宽的钢筋混凝土带,配筋2Φ6,Φ6@300。

8. 砖墙的砌筑方法为:三顺一丁,马牙槎的高度及间距均为300mm。

八、钢筋混凝土梁、板、柱

1. 梁内箍筋除单肢箍外,其余采用封闭形式,并做成135°,纵向钢筋为多排时,应增加直线段弯钩在两排或三排钢筋以下折断。
2. 梁内第一根箍筋距柱边或梁边50mm。
3. 主梁内在次梁相交处,箍筋应贯通布置,凡未在次梁两侧注明箍筋者,均在次梁两侧各设3组箍筋,箍筋肢数、直径同梁箍筋,间距50mm。次梁吊筋在梁配筋图中表示。
4. 主次梁高度相同时,次梁的下部纵向钢筋应置于主梁下部纵向钢筋之上。
5. 梁的纵向钢筋需要设置接头时,底部钢筋应在距支座1/3跨度范围内接头,上部钢筋应在中1/3跨度范围内接头,并作成135°弯钩,平直段长度为10d。
6. 梁上开孔洞直径不得>50mm,未经设计人员同意,不得随意打洞、剔凿。
7. 梁跨度≥4m时,模板按跨度的0.2%起拱;悬臂梁按悬臂长度的0.4%起拱,起拱高度不得>20mm。
8. 板的底部钢筋伸入支座长度应≥5d,且应伸入支座中心线。板的边支座和中间支座板顶标高不同时,负筋在梁或梁内的锚固应满足受拉钢筋最小锚固长度La。
9. 双向板的底部钢筋,短跨钢筋置于下排,长跨钢筋置于上排。当板底与梁底平时,板的下部钢筋伸入梁内须弯折后置于梁的下部纵向钢筋之上。板上开孔洞应预留,一般结构平面图上只表示出洞口尺寸≥300mm的孔洞,施工时各工种必须根据各专业图纸配合土建预留全部孔洞,不得凿。
10. 当孔洞尺寸≤300mm时,洞边不再另加钢筋,板内外钢筋由洞边绕过,不得截断。当洞口尺寸>300mm时,洞边,按单向板或双向板的要求,按平面图的要求设置钢筋。单向板沿单向或双向板的两个方向沿跨度通长,并锚入支座≥5d的长度,且应伸入支座中心线。单向板非受力方向的洞边加筋长度为洞口宽两侧各40d,置于受力钢筋之上。
11. 构造柱箍筋采用封闭形式,并作成135°弯钩,平直段长度为10d。
12. 构造柱与圈梁连接处,构造柱的纵向应穿过圈梁,保证构造柱纵筋上下贯通。
13. 构造柱锚至一1.100m处设置150mm直角斜。

特别说明:板厚除注明者外均为100mm,板上部分布筋为Φ6@250,当受力筋直径大于Φ10时且间距小于120mm时,板上部分布筋为Φ8@250。该工程上部结构中有屋面部分及外露平台板,上部负筋未拉通部分均设Φ6@150防裂钢筋,与两边负筋绑扎搭接300mm。

九、其他

1. 本工程图示尺寸以毫米(mm)为单位,标高以米(m)为单位。
2. 施工时应严格遵守有关的施工验收规范,确保工程质量。
3. 钢筋混凝土构件施工中,必须密切配合各专业施工图进行施工;如楼梯栏杆、钢筋、吊顶、门窗、落水管等的预留、预埋,防雷及接地装置的设置;给水排水和设备图中的预埋管及预留洞。
4. 本工程结构分析中未考虑冬、夏季或雨季等施工荷载。施工单位应在施工保修期内做好结构构件维护保养工作,对临时的特殊施工荷载作支撑及复核计算。
5. 结构施工图应与相关建筑、设备施工图同时阅读,如有矛盾应及时提交设计单位复核。其他设计专业图纸的预留预埋须按各专业图纸事前预留预埋,严禁结构施工完后打凿;预埋影响结构构件时须报设计。
6. 本工程的每个分部和分项施工须认真核对各专业图纸,如有矛盾应处对设计进行调整后方可实施。
7. 梁或柱施工时应采用适当措施保证钢筋位置和保护层厚度。
8. 施工期间不得超负荷堆放建材和施工垃圾,特别注意楼板上集中负荷对结构受力和变形的不利影响。
9. 在安装过程中,应采取有效措施保证结构的稳定性,确保施工安全。
10. 钢筋混凝土悬挑构件的施工模板须待混凝土达到龄期强度后方可拆除;且施工过程中严禁在悬挑部分堆载。
11. 柱钢筋的连接采用电渣压力焊或机械连接,施工时须保证钢筋的垂直度和焊接质量符合验收规范要求。

十、使用注意事项

1. 未经技术鉴定或设计许可,不得改变使用环境与原设计的使用功能。
2. 不得擅自改变装修,并不得超出本图所提活荷载使用值。
3. 对外露的结构构件和非结构构件应定期检查并作必要的维护。
4. 在使用期间,对建筑物和管道应经常进行维护和检查,并应保证所有防水措施发挥有效作用,防止建筑物和管道的地基浸水湿陷。
5. 门窗施工完毕后应经常开启,保证室内空气的流通。

十一、其余说明处均按现行有关规范规程施工

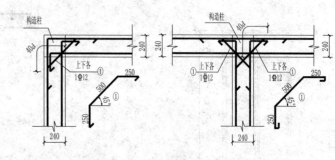

地圈梁、圈梁转角大样图 1:20

××建筑设计院

注 册 师

(签字)

项目负责人

(签字)

××小区
B户型住宅

结构施工图设计说明、
地圈梁、圈梁转角大样图

设计号	
图别	结施
图号	结施-01
设计	
校核	
审核	
审定	
日期	

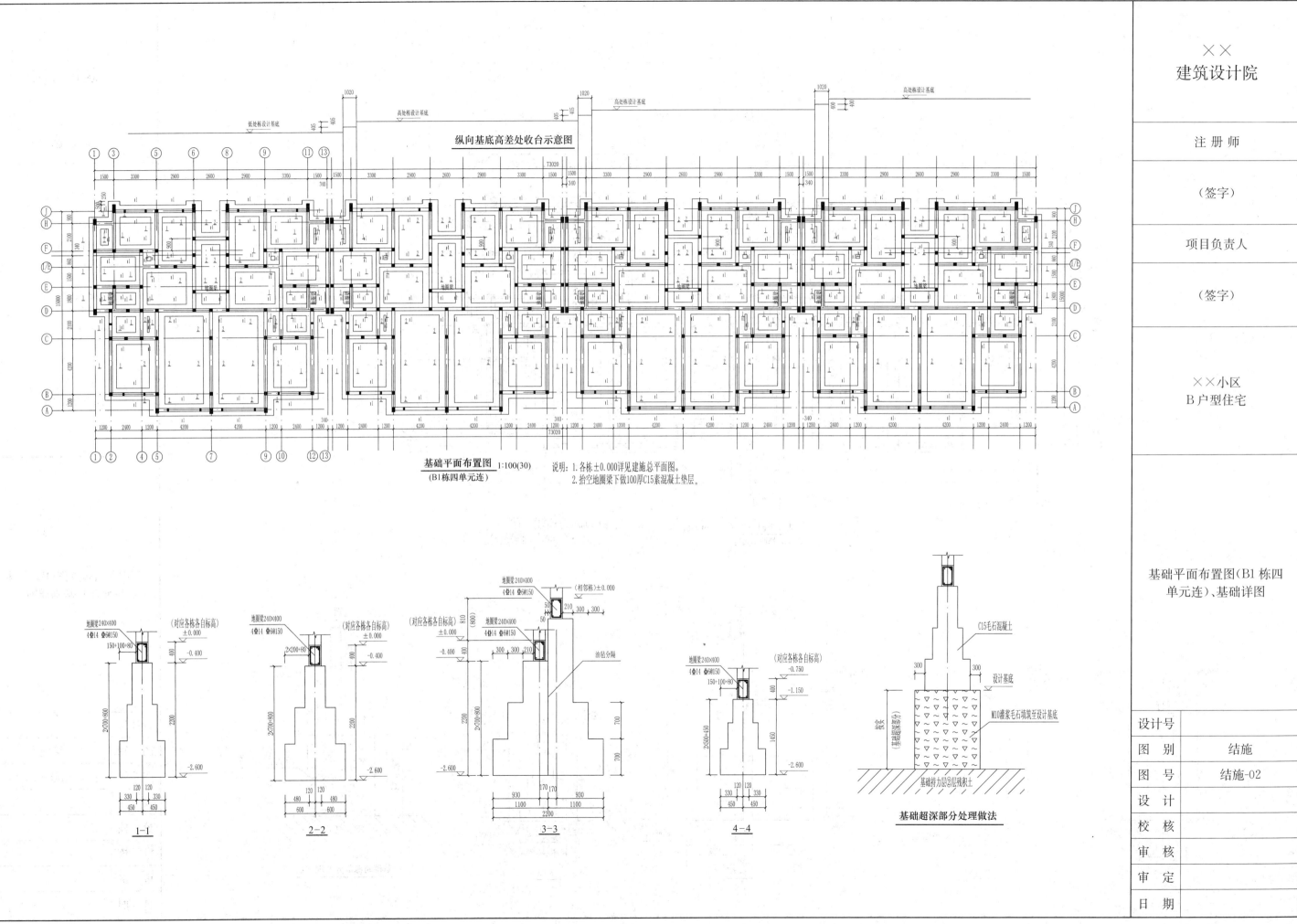

纵向基底高差处收台示意图

基础平面布置图 1:100(30)
(B1栋四单元连)

说明:1.各栋±0.000详见建施总平面图。
2.抬空地圈梁下做100厚C15素混凝土垫层。

1-1

2-2

3-3

4-4

基础超深部分处理做法

建筑设计院

注 册 师

(签字)

项目负责人

(签字)

××小区
B户型住宅

基础平面布置图(B1栋四
单元连)、基础详图

设计号	
图 别	结施
图 号	结施-02
设 计	
校 核	
审 核	
审 定	
日 期	

17

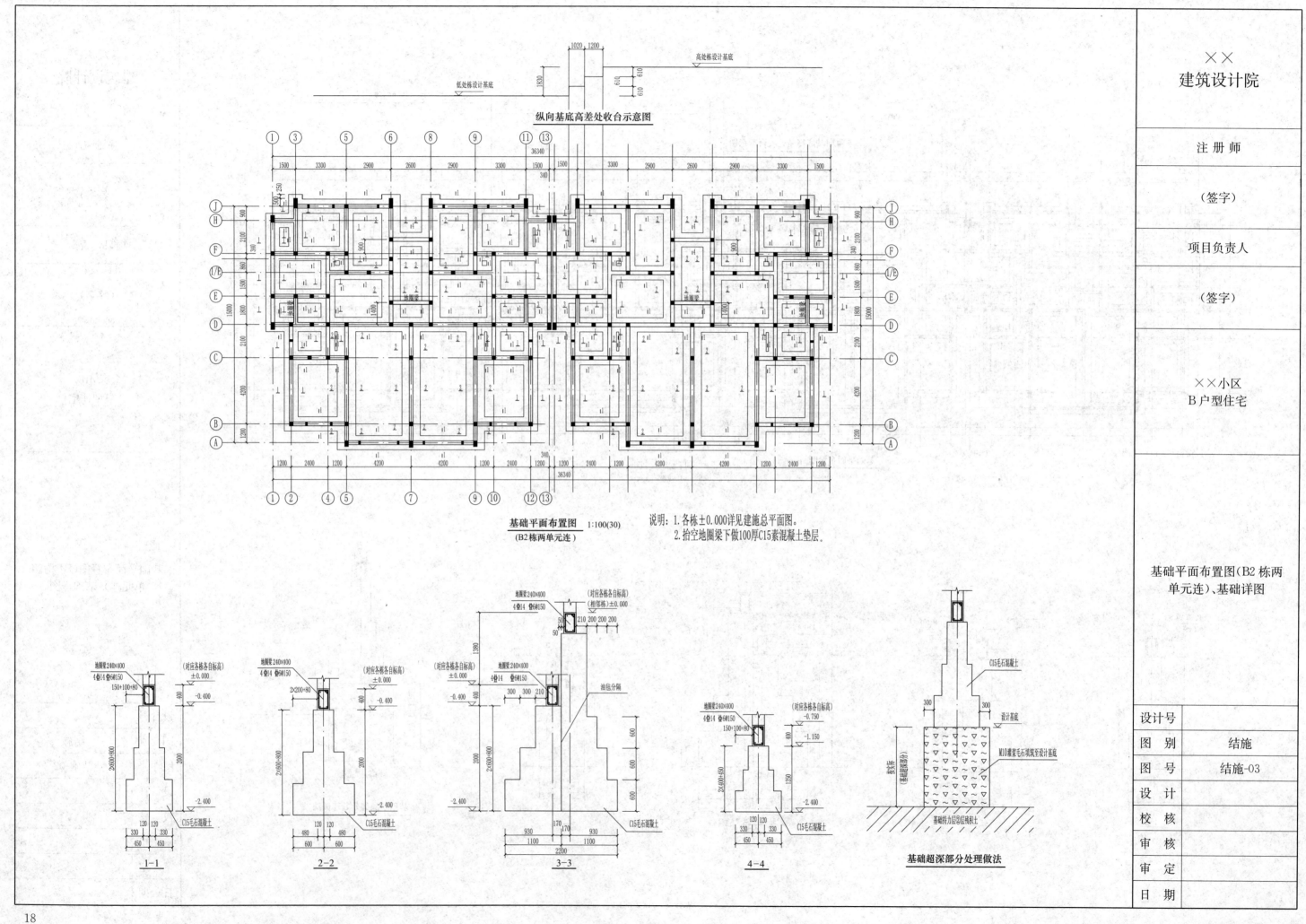

纵向基底高差处收台示意图

基础平面布置图 1:100(30)
(B2栋两单元连)

说明：1. 各栋±0.000详见建施总平面图。
2. 抬空地圈梁下做100厚C15素混凝土垫层。

1-1 2-2 3-3 4-4

基础超深部分处理做法

建筑设计院

注 册 师

（签字）

项目负责人

（签字）

××小区
B户型住宅

基础平面布置图（B2栋两
单元连）、基础详图

设计号	
图 别	结施
图 号	结施-03
设 计	
校 核	
审 核	
审 定	
日 期	

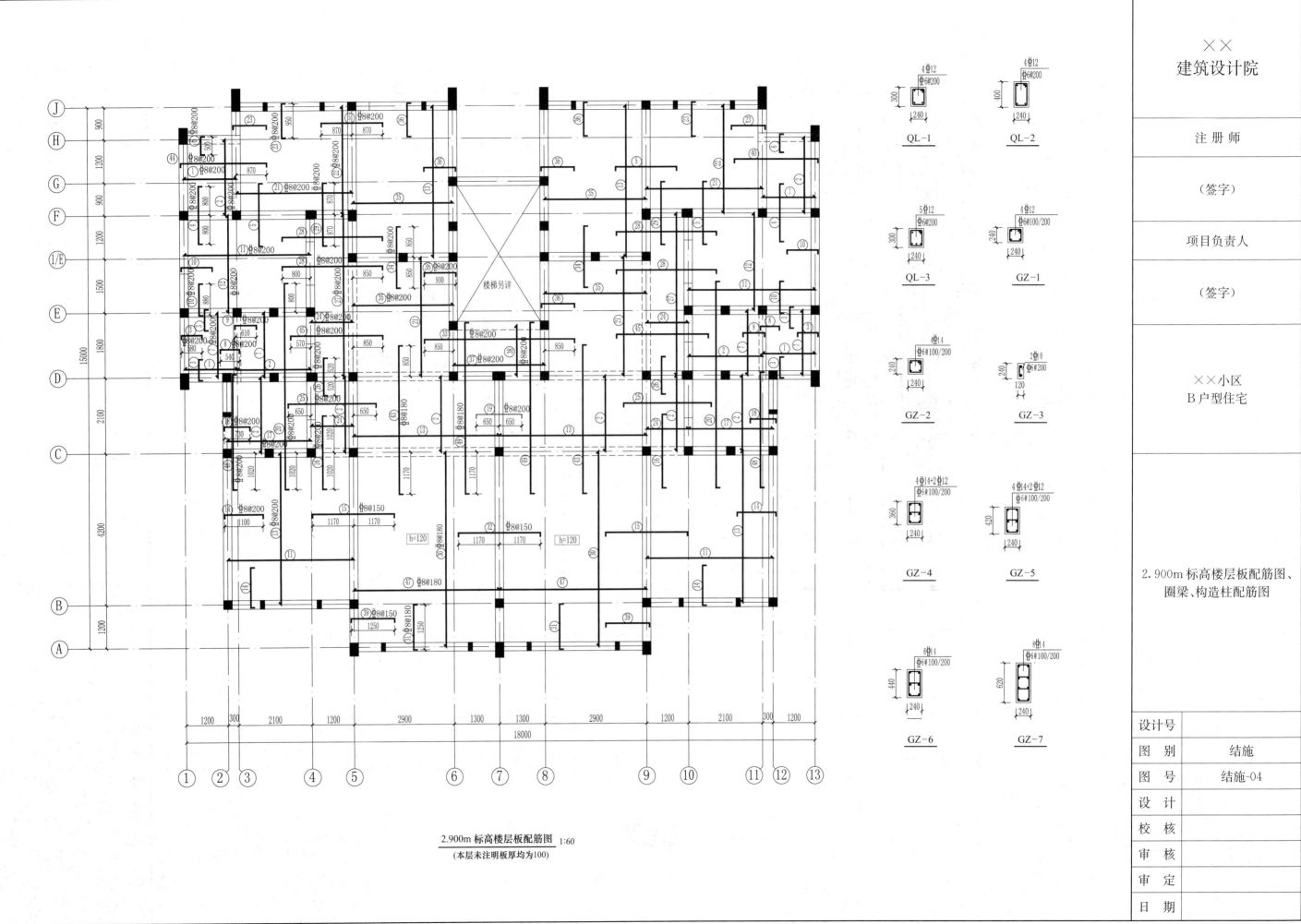

建筑设计院

注 册 师

（签字）

项目负责人

（签字）

××小区
B 户型住宅

2.900m 标高楼层板配筋图、
圈梁、构造柱配筋图

QL-1 QL-2

QL-3 GZ-1

GZ-2 GZ-3

GZ-4 GZ-5

GZ-6 GZ-7

2.900m 标高楼层板配筋图 1:60
（本层未注明板厚均为100）

设计号	
图 别	结施
图 号	结施-04
设 计	
校 核	
审 核	
审 定	
日 期	

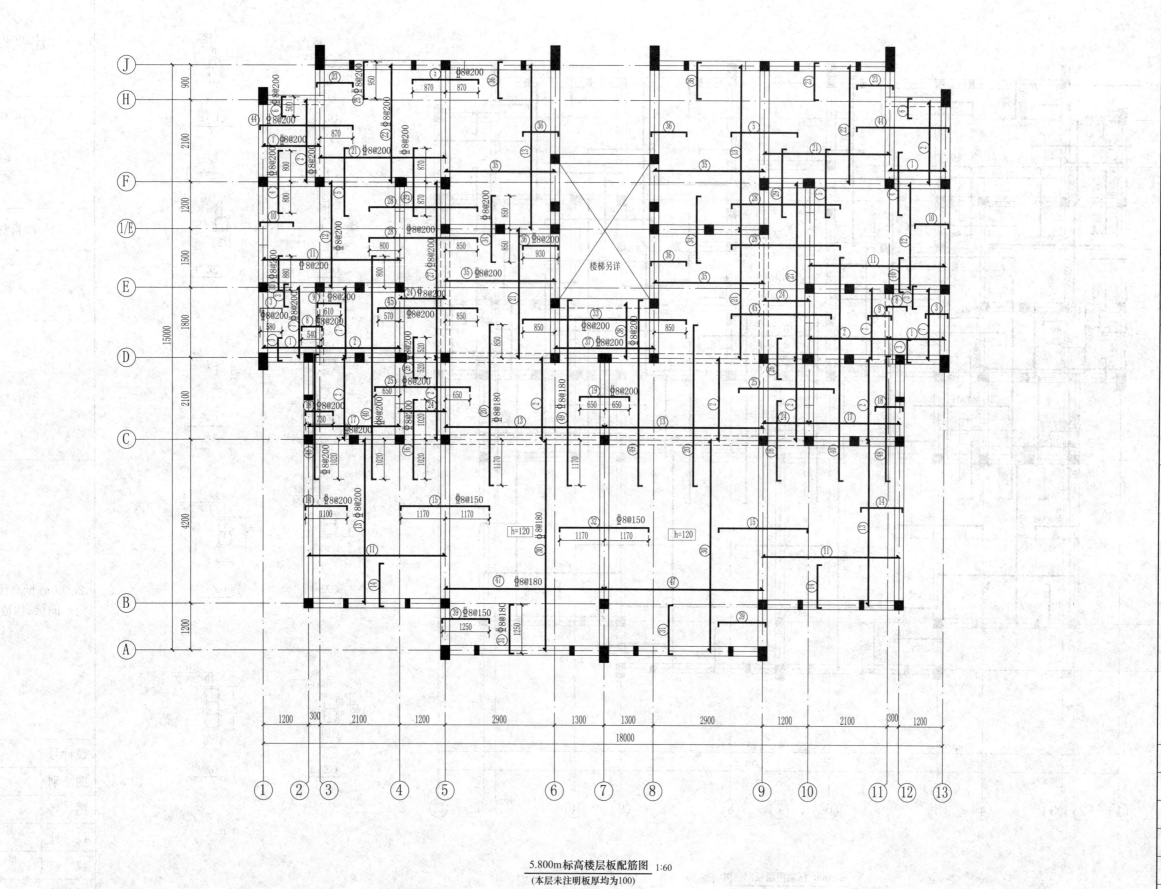

建筑设计院

注 册 师

（签字）

项目负责人

（签字）

××小区
B户型住宅

5.800m 标高楼层板配筋图

5.800m标高楼层板配筋图 1:60
（本层未注明板厚均为100）

设计号	
图 别	结施
图 号	结施-05
设 计	
校 核	
审 核	
审 定	
日 期	

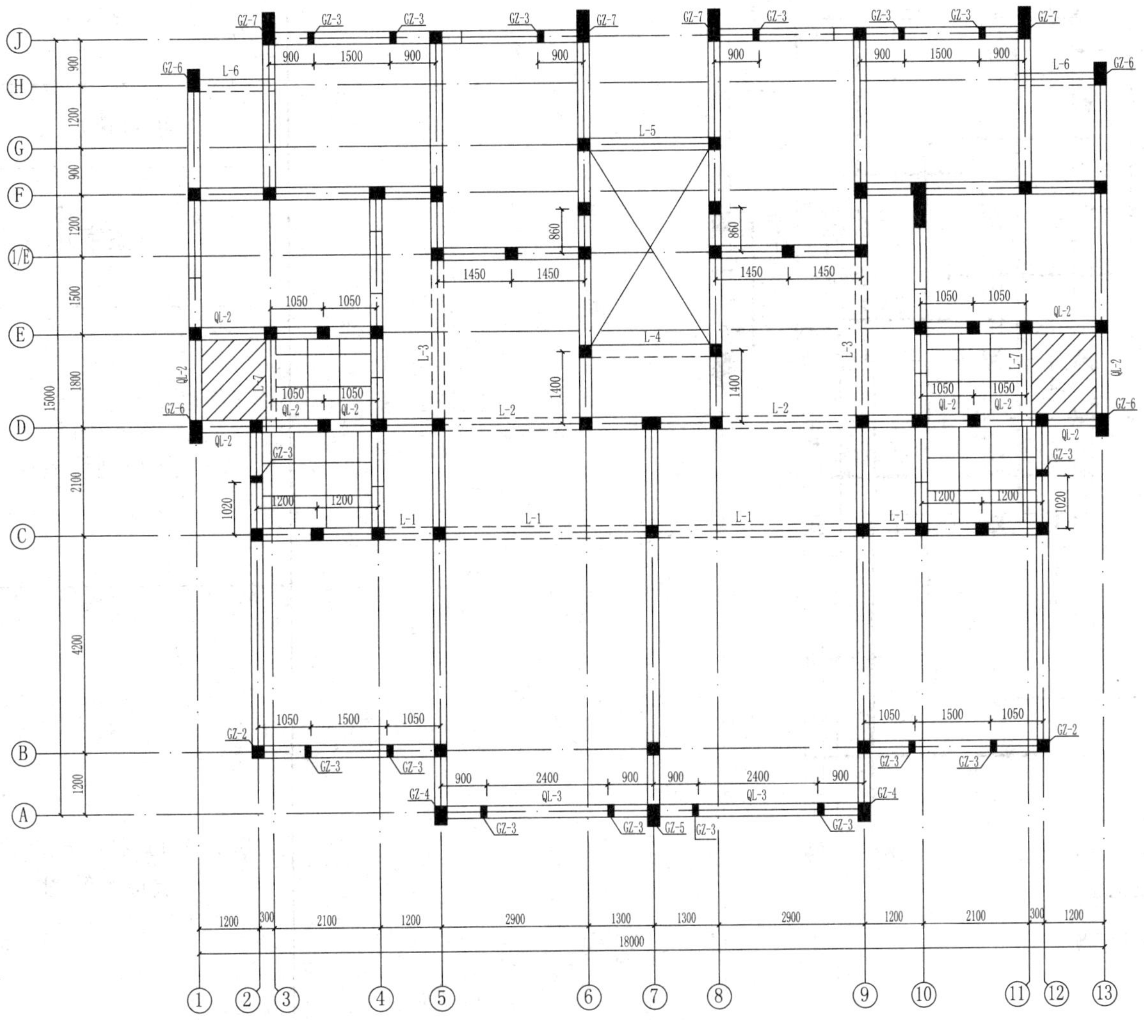

2.900m标高楼层结构布置图 1:60

(本层未注明的柱均为GZ-1，未注明的梁均为QL-1)

图示区域板顶相对本层标高下沉300mm

图示区域板顶相对本层标高下沉40mm

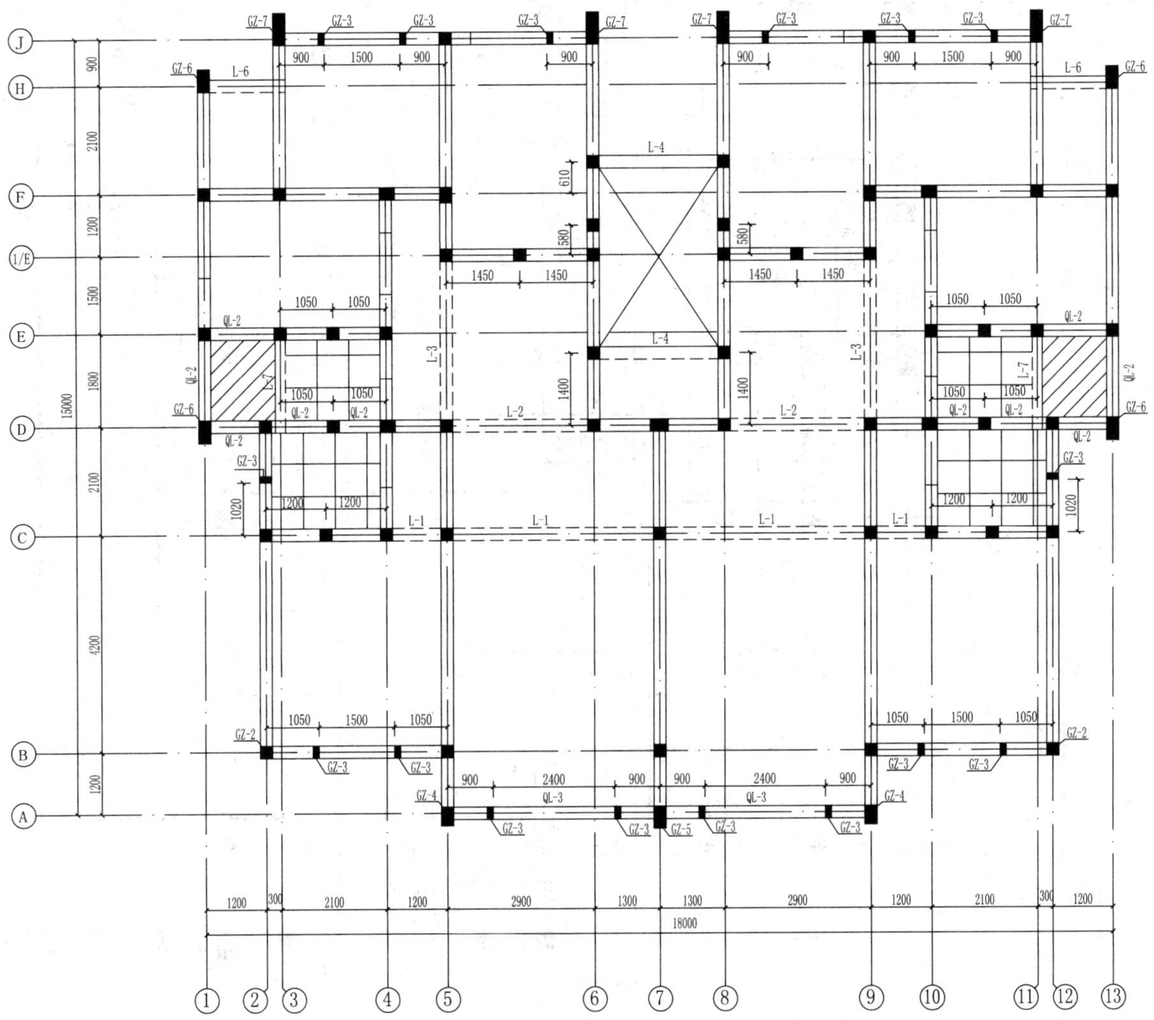

5.800m标高楼层结构布置图 1:60

(本层未注明的柱均为GZ-1，未注明的梁均为QL-1)

图示区域板顶相对本层标高下沉300mm

图示区域板顶相对本层标高下沉40mm

××
建筑设计院

注册师

（签字）

项目负责人

（签字）

××小区
B户型住宅

2.900m标高楼层结构布置图、5.800m标高楼层结构布置图

设计号	
图　别	结施
图　号	结施-06
设　计	
校　核	
审　核	
审　定	
日　期	

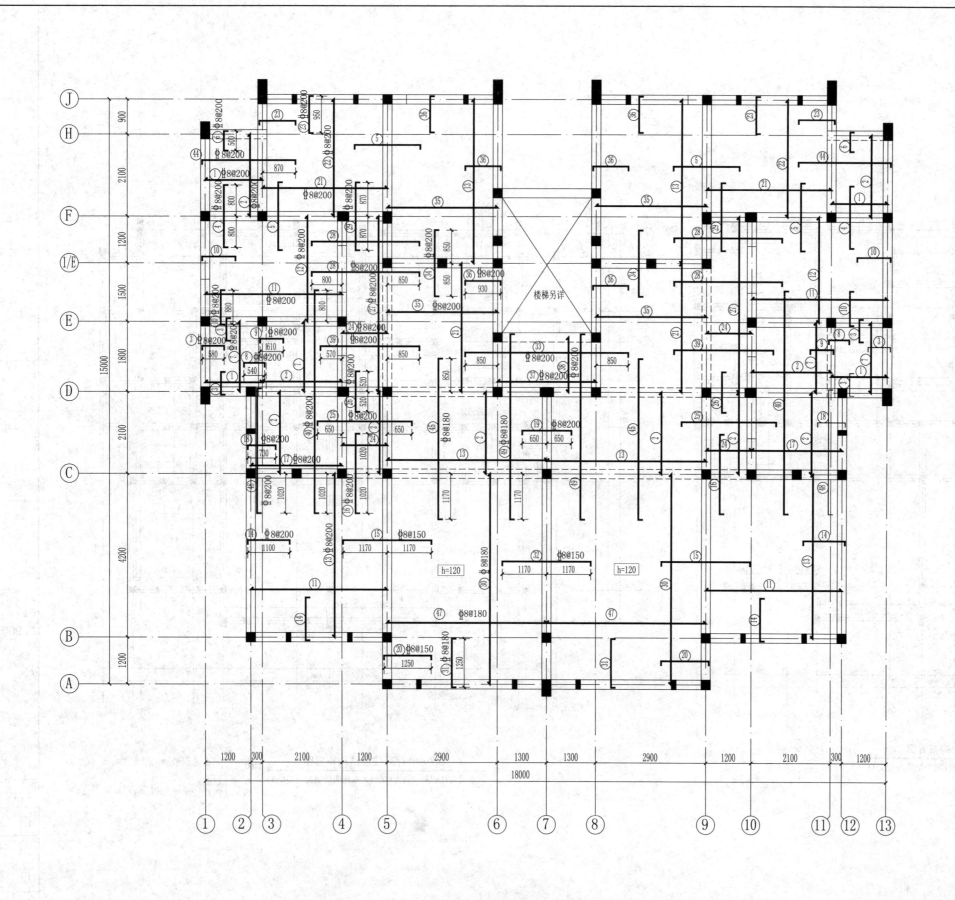

8.700(11.600)m 标高楼层板配筋图 1:60

(本层未注明板厚均为100)

建筑设计院	
注 册 师	
（签字）	
项目负责人	
（签字）	
××小区 B户型住宅	
8.700(11.600)m 标高楼 层板配筋图	

设计号	
图 别	结施
图 号	结施-07
设 计	
校 核	
审 核	
审 定	
日 期	

22

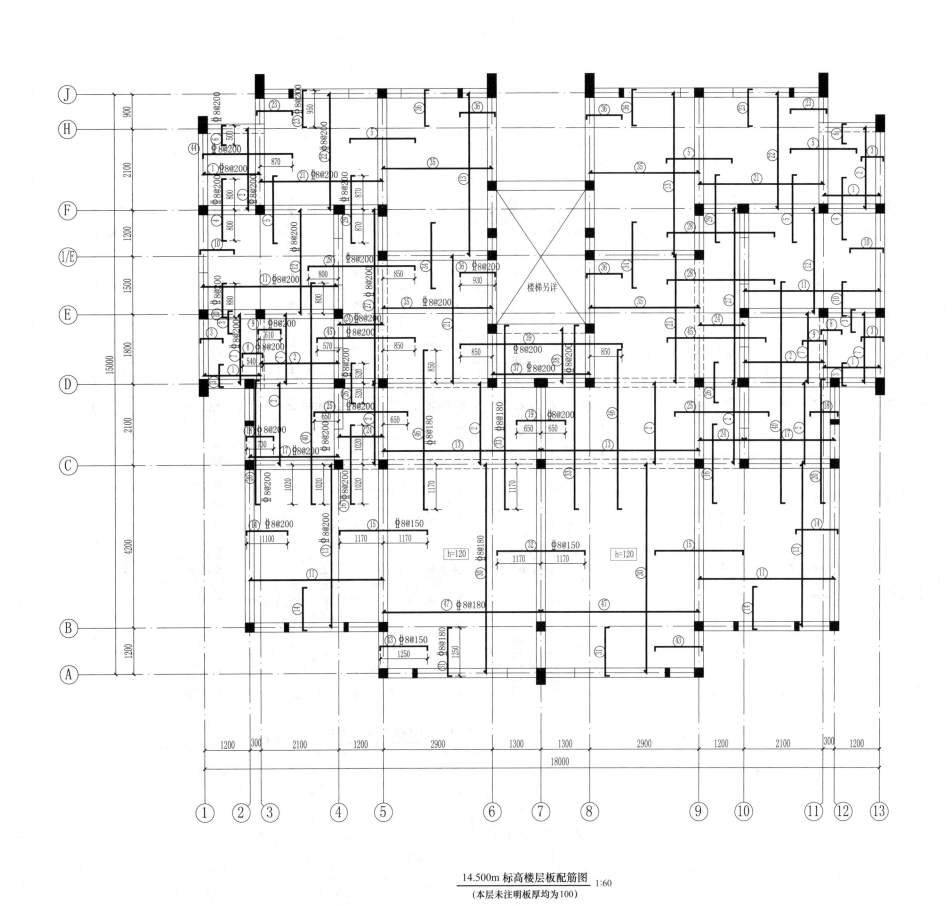

建筑设计院

注 册 师

（签字）

项目负责人

（签字）

××小区
B 户型住宅

14.500m 标高楼层板配筋图

14.500m 标高楼层板配筋图 1:60
（本层未注明板厚均为100）

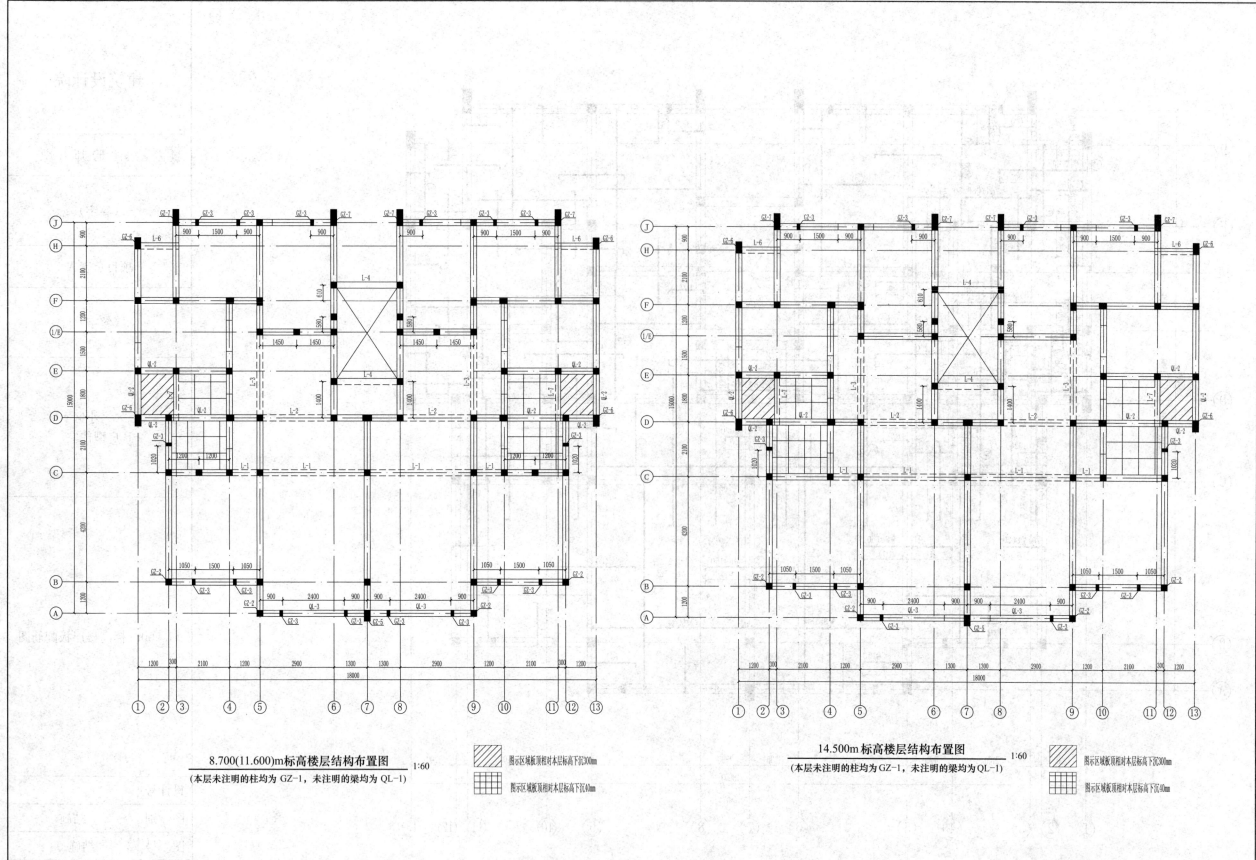

8.700(11.600)m标高楼层结构布置图 1:60
(本层未注明的柱均为 GZ-1，未注明的梁均为 QL-1)

▨ 图示区域板顶相对本层标高下沉300mm
▦ 图示区域板顶相对本层标高下沉40mm

14.500m标高楼层结构布置图 1:60
(本层未注明的柱均为 GZ-1，未注明的梁均为 QL-1)

▨ 图示区域板顶相对本层标高下沉300mm
▦ 图示区域板顶相对本层标高下沉40mm

××
建筑设计院

| 注　册　师 |
| （签字） |
| 项目负责人 |
| （签字） |

××小区
B户型住宅

8.700(11.600)m标高楼层
结构布置图、14.500m标
高楼层结构布置图

设计号	
图　别	结施
图　号	结施-09
设　计	
校　核	
审　核	
审　定	
日　期	

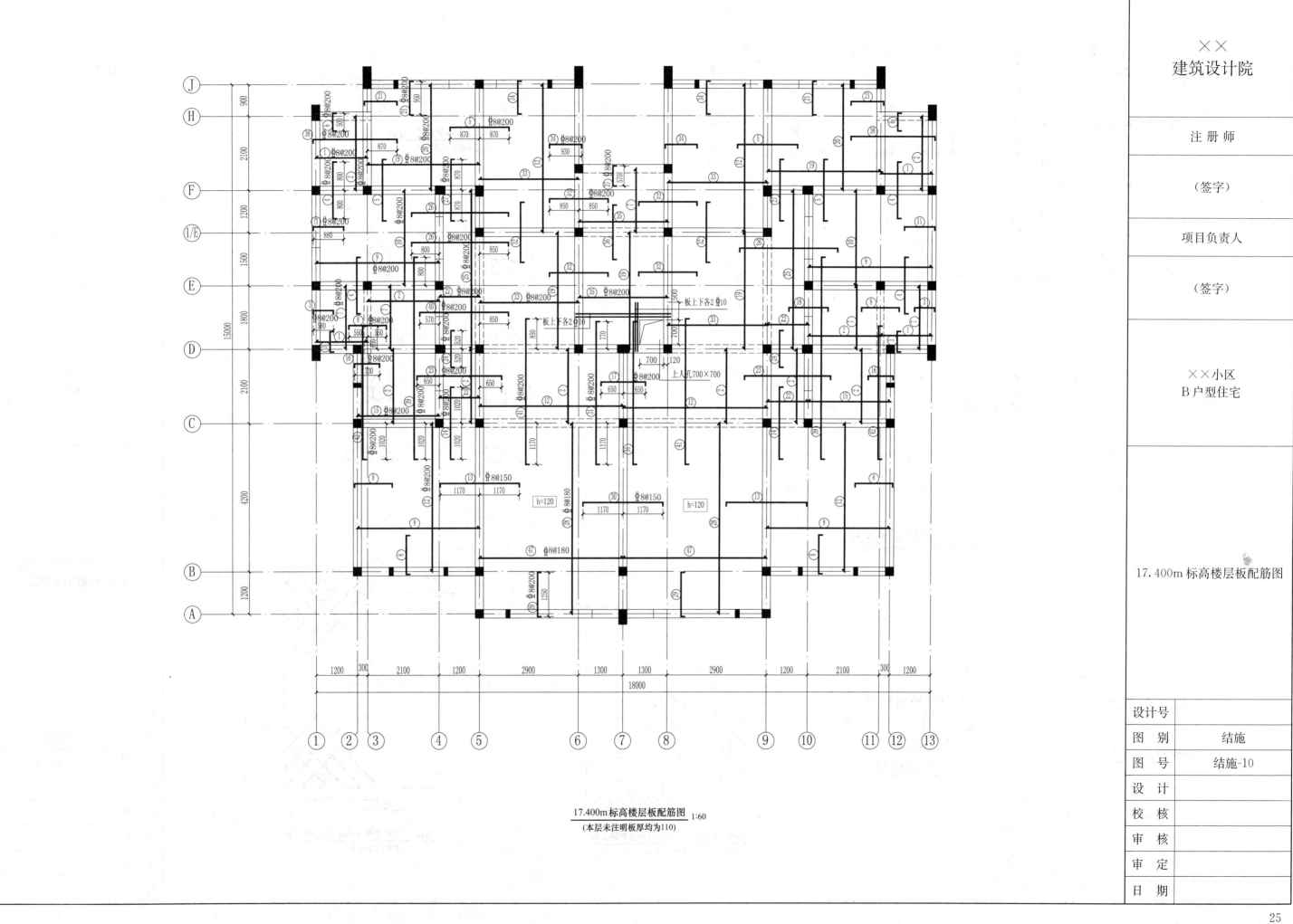

建筑设计院

××

注 册 师

（签字）

项目负责人

（签字）

××小区
B户型住宅

17.400m 标高楼层板配筋图

设计号

图 别	结施
图 号	结施-10
设 计	
校 核	
审 核	
审 定	
日 期	

17.400m标高楼层板配筋图 1:60
(本层未注明板厚均为110)

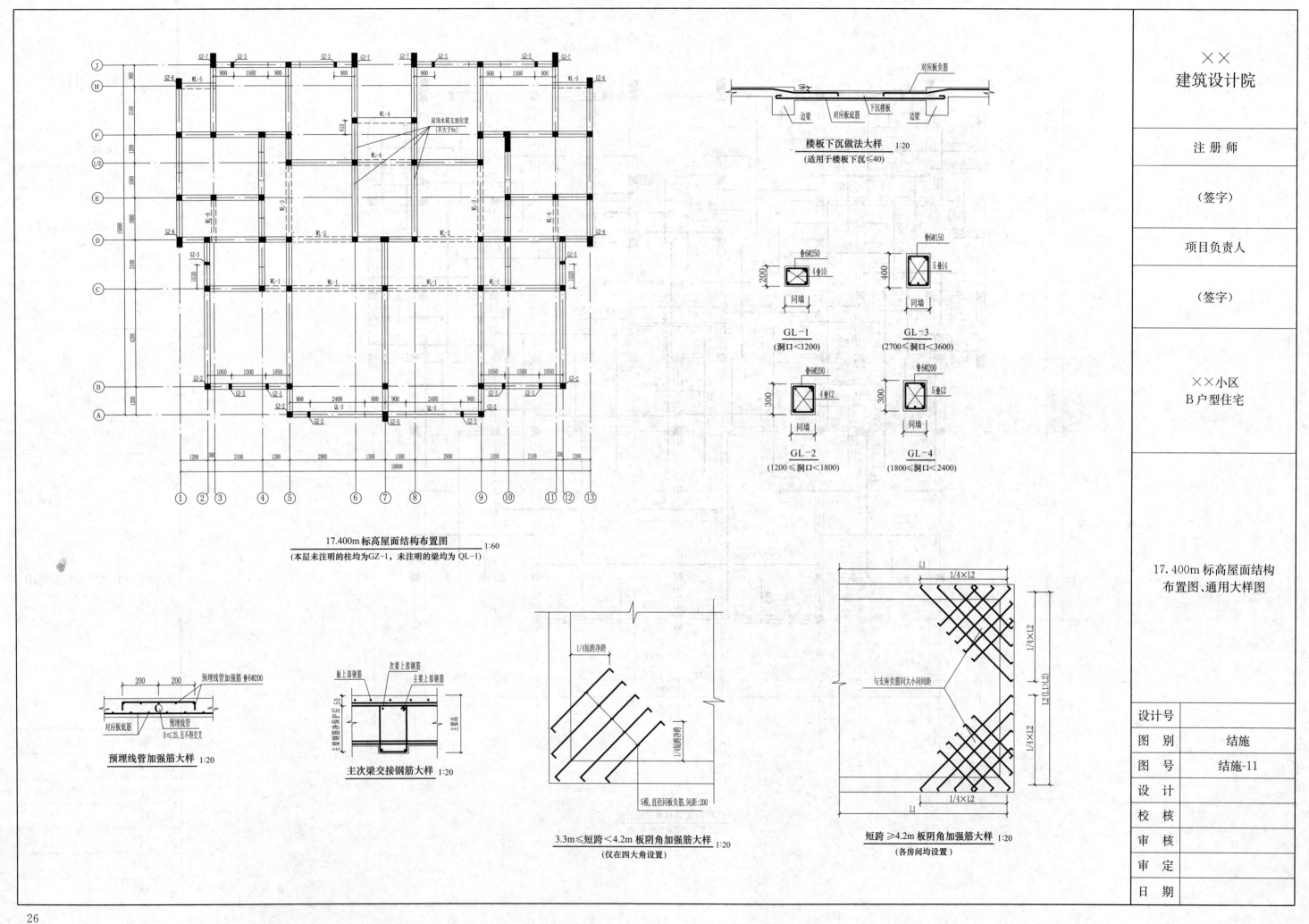

17.400m 标高屋面结构布置图 1:60
(本层未注明的柱均为 GZ-1，未注明的梁均为 QL-1)

屋顶水箱支放位置
(不大于6t)

楼板下沉做法大样 1:20
(适用于楼板下沉≤40)

对应板负筋
边梁
对应板底筋
下沉楼板
边梁

GL-1
(洞口<1200)

GL-3
(2700≤洞口<3600)

GL-2
(1200≤洞口<1800)

GL-4
(1800≤洞口<2400)

预埋线管加强筋大样 1:20
预埋线管加强筋 Φ6@200
对应板底筋
预埋线管
D≤25,且不得交叉

主次梁交接钢筋大样 1:20
板上部钢筋
次梁上部钢筋
主梁上部钢筋

3.3m≤短跨<4.2m 板阴角加强筋大样 1:20
(仅在四大角设置)
1/4短跨净跨
1/4短跨净跨
5根,直径同板负筋,间距:200

短跨≥4.2m 板阴角加强筋大样 1:20
(各房间均设置)
与支座负筋同大小同间距

建筑设计院
××

注 册 师

(签字)

项目负责人

(签字)

××小区
B户型住宅

17.400m 标高屋面结构
布置图、通用大样图

设计号	
图 别	结施
图 号	结施-11
设 计	
校 核	
审 核	
审 定	
日 期	

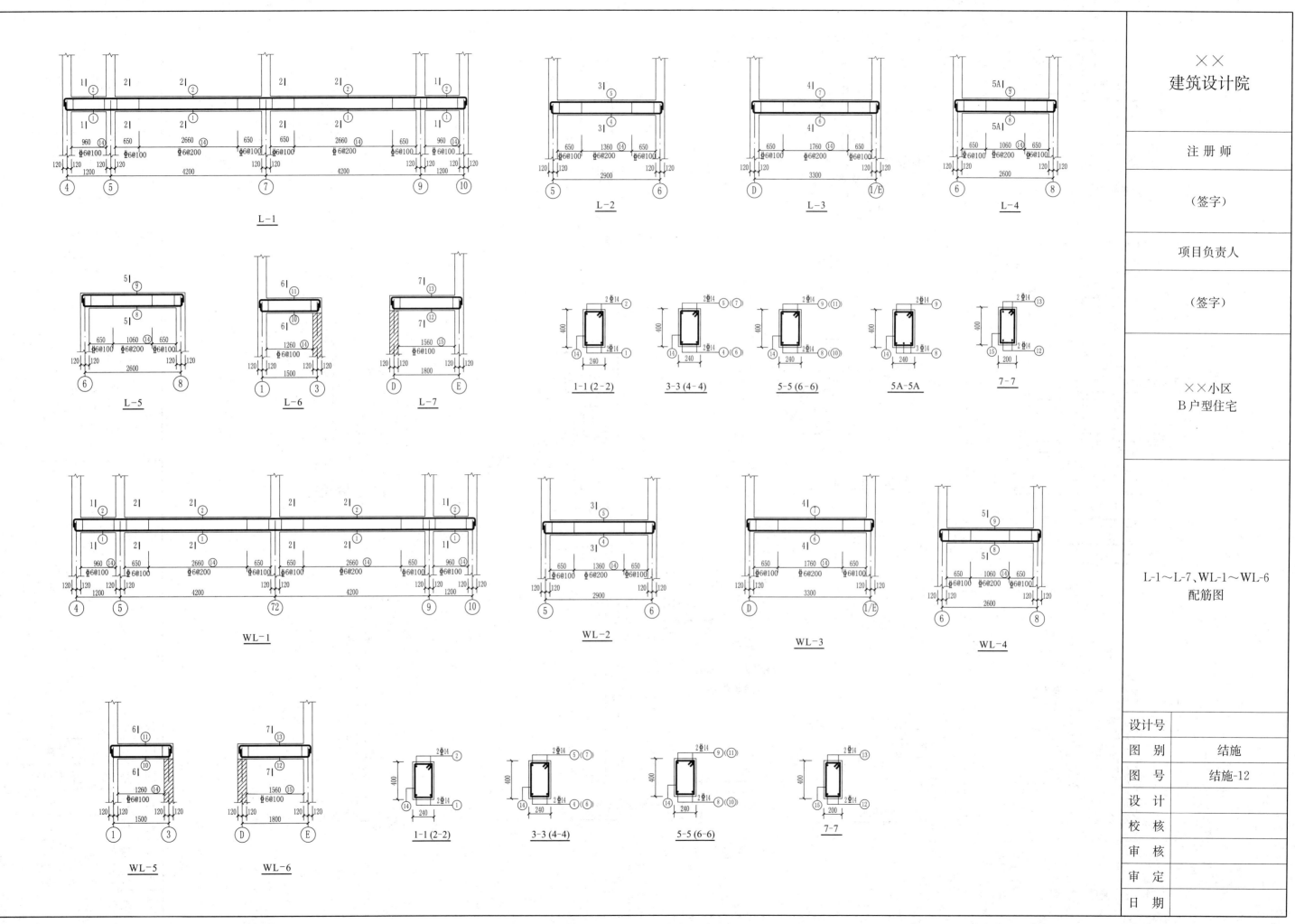

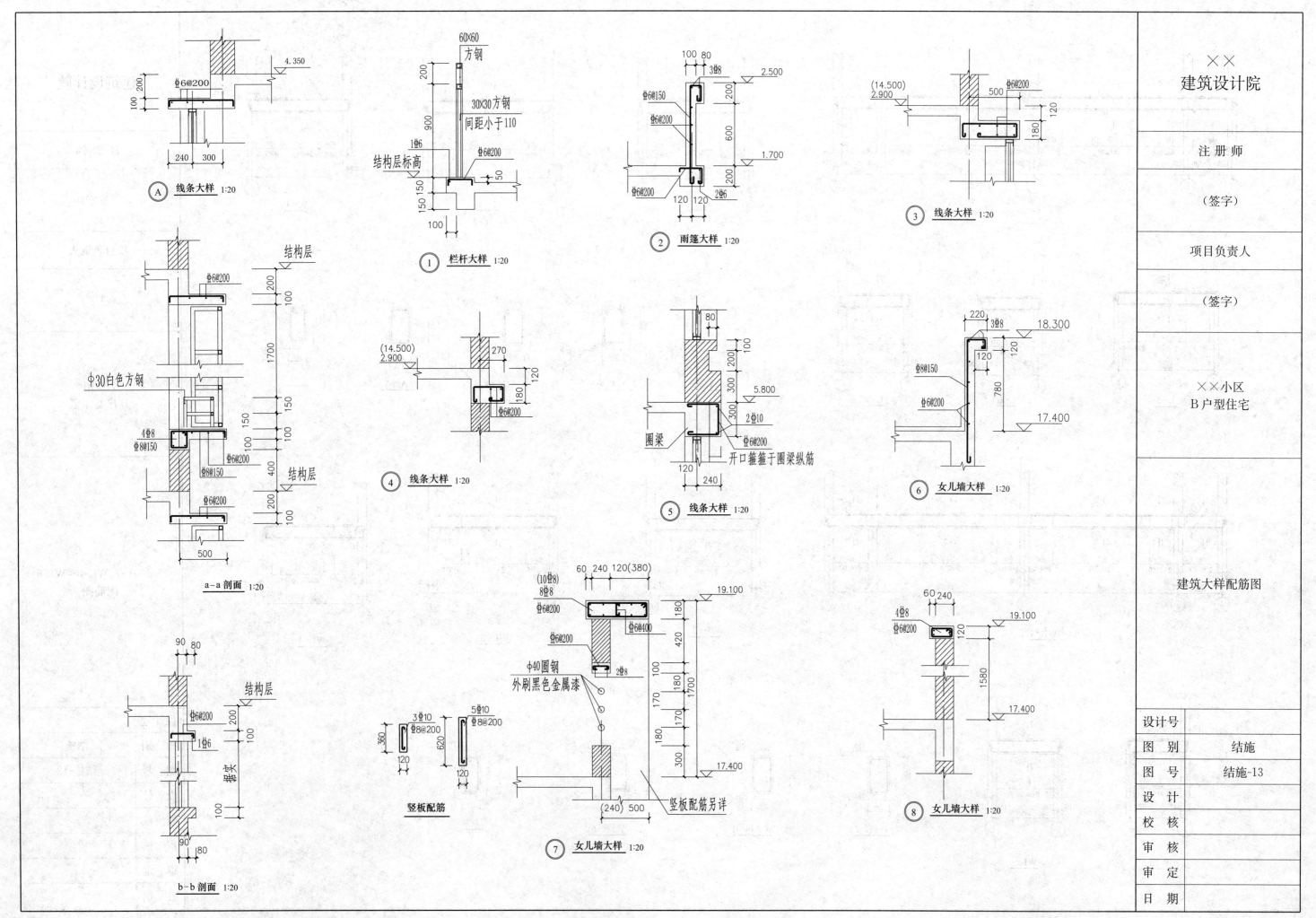

A 线条大样 1:20

① 栏杆大样 1:20

② 雨篷大样 1:20

③ 线条大样 1:20

a—a 剖面 1:20

④ 线条大样 1:20

⑤ 线条大样 1:20

⑥ 女儿墙大样 1:20

b—b 剖面 1:20

竖板配筋

⑦ 女儿墙大样 1:20

⑧ 女儿墙大样 1:20

××
建筑设计院

注 册 师

（签字）

项目负责人

（签字）

××小区
B户型住宅

建筑大样配筋图

设 计 号	
图 别	结施
图 号	结施-13
设 计	
校 核	
审 核	
审 定	
日 期	

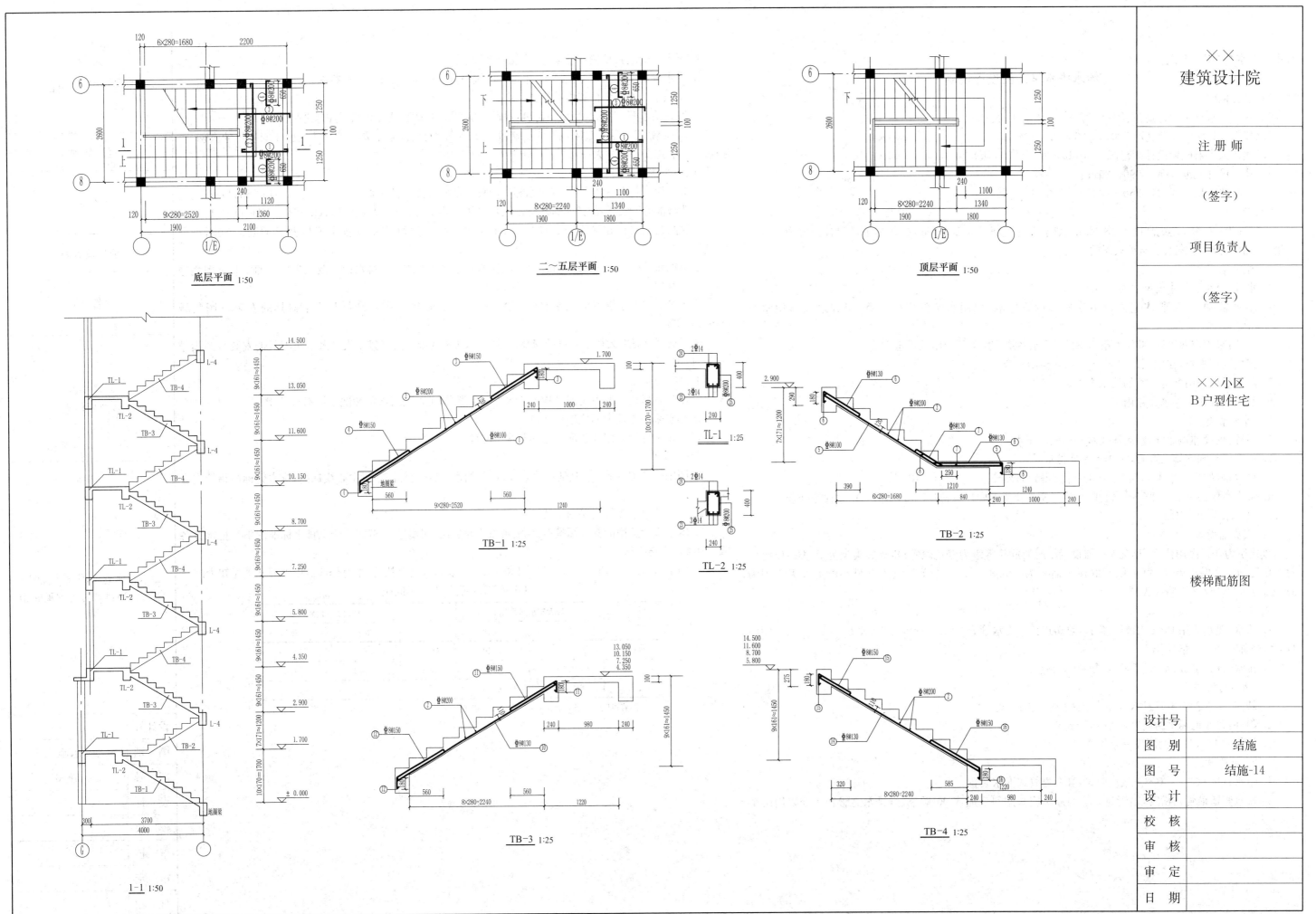

底层平面 1:50

二~五层平面 1:50

顶层平面 1:50

1-1 1:50

TB-1 1:25

TL-1 1:25

TL-2 1:25

TB-2 1:25

TB-3 1:25

TB-4 1:25

××
建筑设计院

注 册 师

（签字）

项目负责人

（签字）

××小区
B户型住宅

楼梯配筋图

设计号	
图 别	结施
图 号	结施-14
设 计	
校 核	
审 核	
审 定	
日 期	

1.4 给水排水施工图

给水排水施工图设计说明

一、设计依据

1.《建筑给水排水设计规范》GB 50015—2003(2009 版)

2.《建筑设计防火规范》GB 50016—2006(2006 版)

3.《建筑灭火器配置设计规范》GB 50140—2005(2005 版)

4.《住宅设计规范》GB 50096—2011

5.《住宅建筑规范》GB 50368—2005

二、设计概况

本工程为住宅楼,建筑高度为 18.32m,六层,总建筑面积为 2883.6m²。本专业的设计内容为室内生活给水、热水、排水系统及建筑灭火器的设置。

三、生活给水系统

1. 水源:由小区给水管网供给。

2. 用水量:根据普通住宅以及卫生器具设置标准,取用水定额进行计算,得到最高日用水量为 16.8m³。

3. 系统:采用市政管网-屋顶水箱-用水点,冷水系统采用下行上给的供水方式。

4. 根据其用水量,在屋顶设置 2 个 8t 的生活给水箱。

5. 热水系统采用上行下给的给水方式。

6. 水表设置在室外水表箱内。

四、排水系统

1. 系统:仅设伸顶通气管,厨房废水采用同层排水。

2. 所有污废水均排入立管,再排入室外检查井。

3. 排水量:按生活给水的 85%～95% 计算得到的每日排水量为 15.12m³。

4. 室内粪便污水及废水经排水管收集排入室外化粪池中进行初步沉淀,再进行中水回用处理。

5. 污废水采用合流排放。

五、灭火器设置

该建筑为普通民用住宅,建筑灭火器设置场所的危险等级为轻危险等级,火灾类型为 A 类。以每层每个单元为一个保护单元,每个单元的保护面积为 243.80m²。每个单元灭火器最小配置灭火级别为 3A,选用 MF/ABC2 干粉灭火器。

六、管材选用

1. 给水:热水管用 PP-R 铝塑复合管,热熔连接。冷水管 P_N=1.25MPa,热水管 P_N=1.5MPa。图中 DN 指公称直径,De 指外径。

2. 排水管(废水、污水)用 UPVC 塑料管,粘接。

七、阀门与附件

1. 阀门:给水管横干管进入到用水点采用截止阀。

2. 附件:普通地漏水封高度不小于 50mm。

3. UPVC 排水管每两层设一个检查口。

八、管道敷设

1. 给水管以 0.2%～0.3% 坡度敷设,坡向立管或泄水装置。

2. 排水管道横管与横管,横管与立管的连接应采用斜三通或 90°顺三通,排水立管转弯处采用两个 45°弯头。

3. 所有立管应紧贴墙柱敷设,并按规定设管卡。

4. 排水管坡度如图中标注所示,未标注的按规范的标准坡度 2.6% 进行施工。

5. 屋顶水箱的安装位置由结施图确定。

6. 屋顶给水管、热水管用铝箔包裹,敷设在填充层内,防止紫外线照射加速老化。

7. 埋地给、排水管穿过梁或混凝土墙时,均应预埋钢套管,给水管套管尺寸一般比安装尺寸大两号,排水管一般比安装尺寸大一号。

九、卫生器具的安装

低水箱蹲便器安装详见《给水排水标准图集》(排水设备及卫生器具的安装)(图集号 09S304)-P84。

单洗碗池的安装详见《给水排水标准图集》(排水设备及卫生器具的安装)(图集号 09S304)-P21。

调温阀挂墙式淋浴器的安装详见《给水排水标准图集》(排水设备及卫生器具的安装)(图集号 09S304)-P127。

单柄水嘴单孔台下式洗脸盆的安装详见《给水排水标准图集》(排水设备及卫生器具的安装)(图集号 09S304)-P44。

分体式下排水坐便器的安装详见《给水排水标准图集》(排水设备及卫生器具的安装)(图集号 09S304)-P66。

单柄水嘴亚克力无裙边浴盆的安装详见《给水排水标准图集》(排水设备及卫生器具的安装)(图集号 09S304)-P117。

十、节水节能设计

1. 本工程所选用的卫生器具均为节水型卫生器具,坐便器每次的冲洗水量不超过 6L。

2. 热水采用屋顶太阳能进行加热。

3. 五金配件均采用住建部规定的节水型配件。

十一、其他

1. 图中标高均以 m 计,其他尺寸以 mm 计,给水、热水管标高指管中心线标高,排水管标高指管内底标高。

2. 室内给水横支管均采用暗装。

3. 本工程所选用的标准图集有《钢筋混凝土化粪池》图集号 03S702、《给水排水标准图集》(排水设备及卫生器具安装)S3。

4. 图中所有未尽事宜均须严格按国家有关施工及验收规范执行,如有修改需以书面变更通知为准。

UPVC 塑料管最大支承间距

管径	最大支承间距(m)		管径	最大支承间距(m)	
	立管	横管		立管	横管
De40	—	0.40	De110	2.00	1.10
De50	1.50	0.50	De160	2.00	1.60
De75	2.00	0.75			

注:管道底部应设支墩或采取牢固的固定措施。

××

建筑设计院

注 册 师

(签字)

项目负责人

(签字)

××小区

B 户型住宅

给水排水施工图设计说明、UPVC 塑料管最大支承间距

设计号	
图 别	水施
图 号	水施-01
设 计	
校 核	
审 核	
审 定	
日 期	

设备及主要材料表

编号	图例	名称	型号(规格)	单位	数量	备注
1	——J——	PP-R管	De20 De25	m	按实	
2	——J——	PP-R管	De32 De40	m	按实	
3	——J——	PP-R管	De50 De63	m	按实	
4	——W——	UPVC塑料管	De75	m	按实	
5	——W——	UPVC塑料管	De110 De160	m	按实	
6		洗涤水嘴	De20	个	24	铜
7		通气帽	De110 De75	个	8	
8		地漏	De75	个	48	
9		截止阀	De32 De40	个	48	
10		止回阀	De40	个	2	
11		闸阀	De40	个	76	
12		闸阀	De32	个	24	
13		闸阀	De50 De63	个	6	
14		水表	De40	个	26	
15		双阀水嘴	De20	个	48	
16		浴盆混水龙头	De20	个	24	
17		浮球阀	De40	个	2	
18		低水箱冲洗阀	De20	个	48	
19		坐便器	De110	个	24	
20		阀门井		个	3	
21		检查口	De110 De75	个	32	
22	○	塑料检查井	φ700	个	6	详见08SS523
23		淋浴器	De20	个	24	
24		屋顶不锈钢生活水箱	8t	座	2	
25		伸缩节	De110 De75	个	48	
26		手提式ABC干粉灭火器	2kg/具	具	36	详见MF/ABC2

注: 其他未列出的材料、设备详见水施图。

××
建筑设计院

注 册 师

(签字)

项目负责人

(签字)

××小区
B户型住宅

设备及主要材料表

设计号	
图 别	水施
图 号	水施-02
设 计	
校 核	
审 核	
审 定	
日 期	

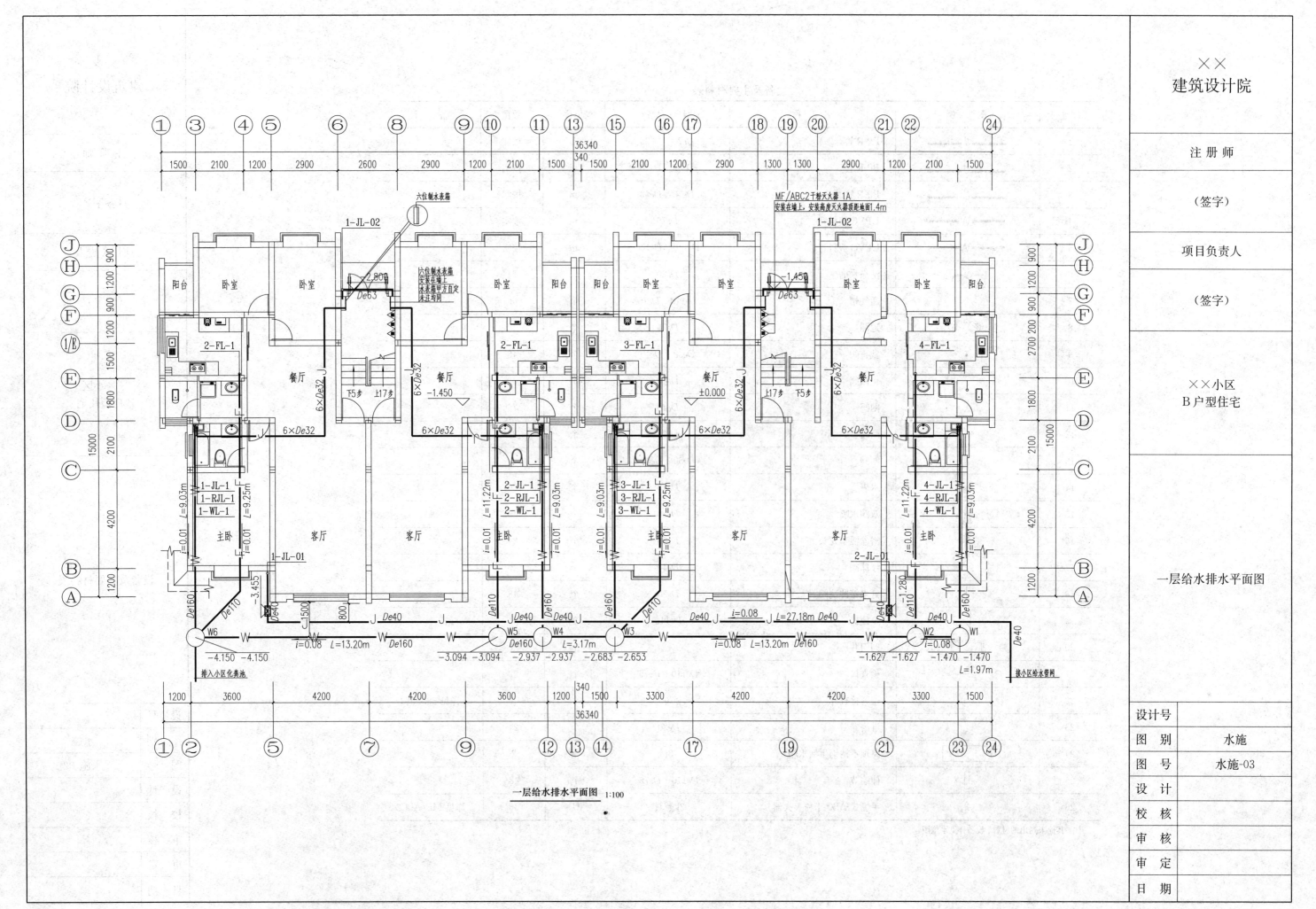

一层给水排水平面图　1:100

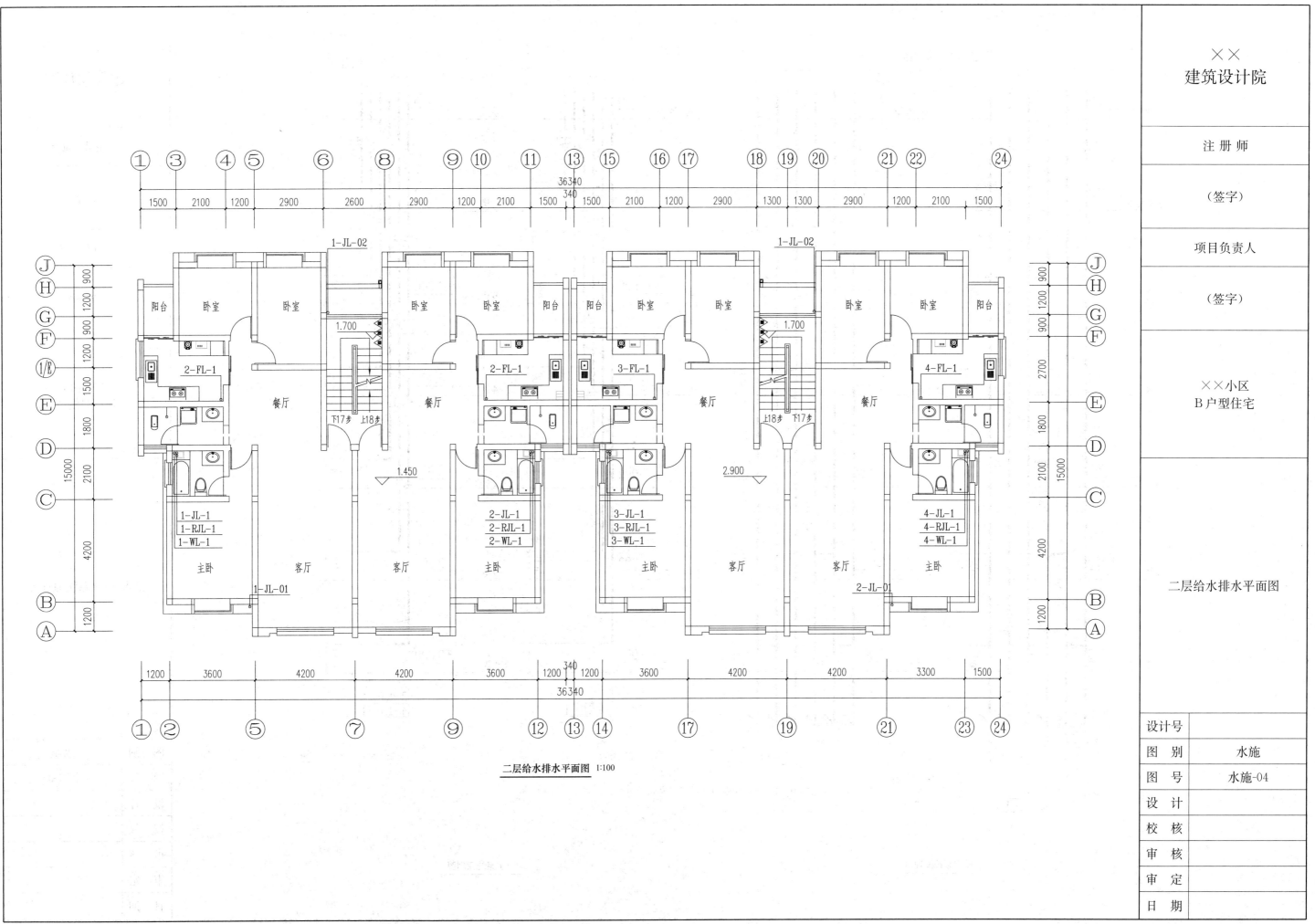

二层给水排水平面图 1:100

××
建筑设计院

注 册 师

（签字）

项目负责人

（签字）

××小区
B户型住宅

二层给水排水平面图

设计号	
图　别	水施
图　号	水施-04
设　计	
校　核	
审　核	
审　定	
日　期	

33

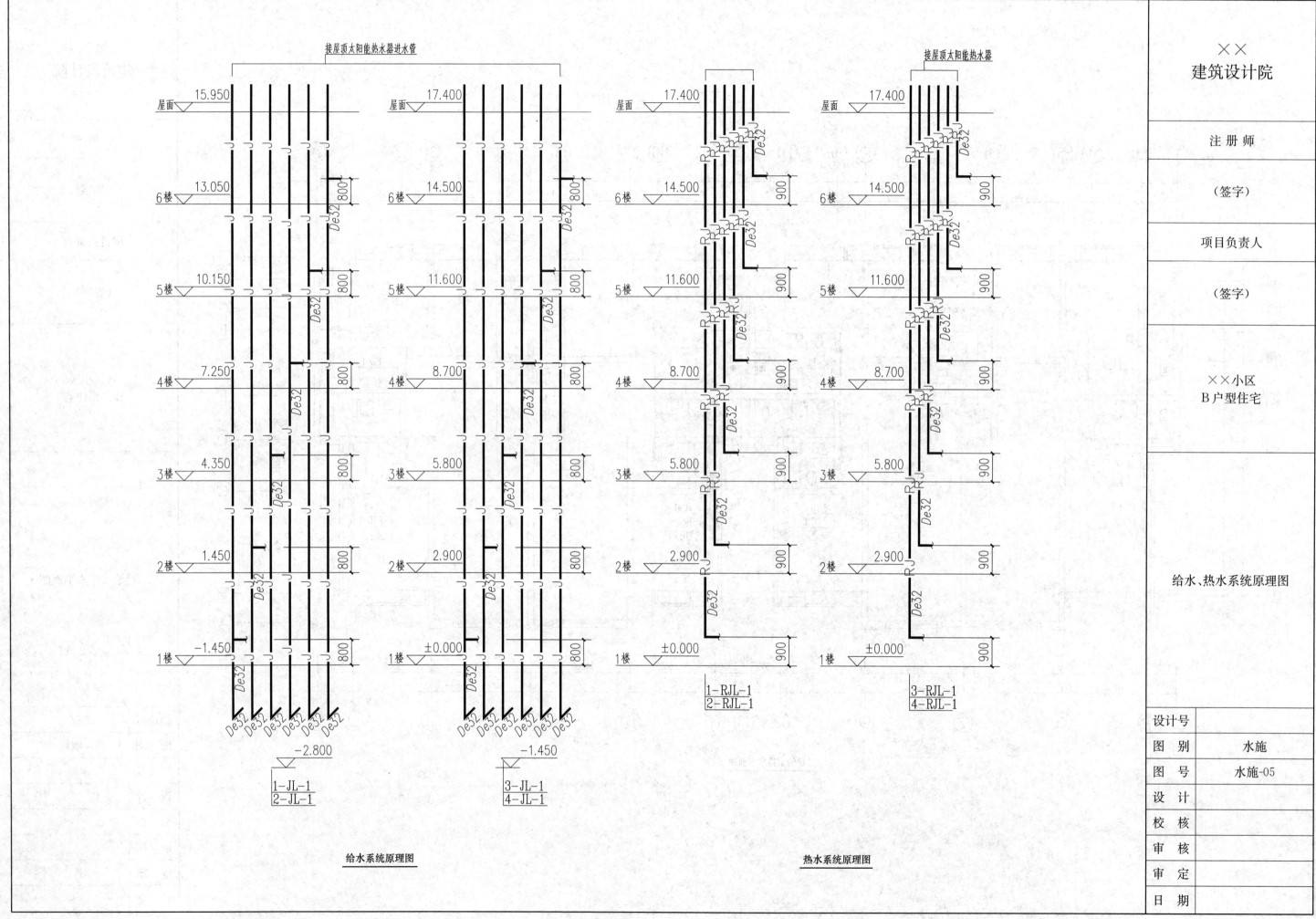

接屋顶太阳能热水器进水管

接屋顶太阳能热水器

给水系统原理图

热水系统原理图

××
建筑设计院

注 册 师

（签字）

项目负责人

（签字）

××小区
B户型住宅

给水、热水系统原理图

设计号	
图 别	水施
图 号	水施-05
设 计	
校 核	
审 核	
审 定	
日 期	

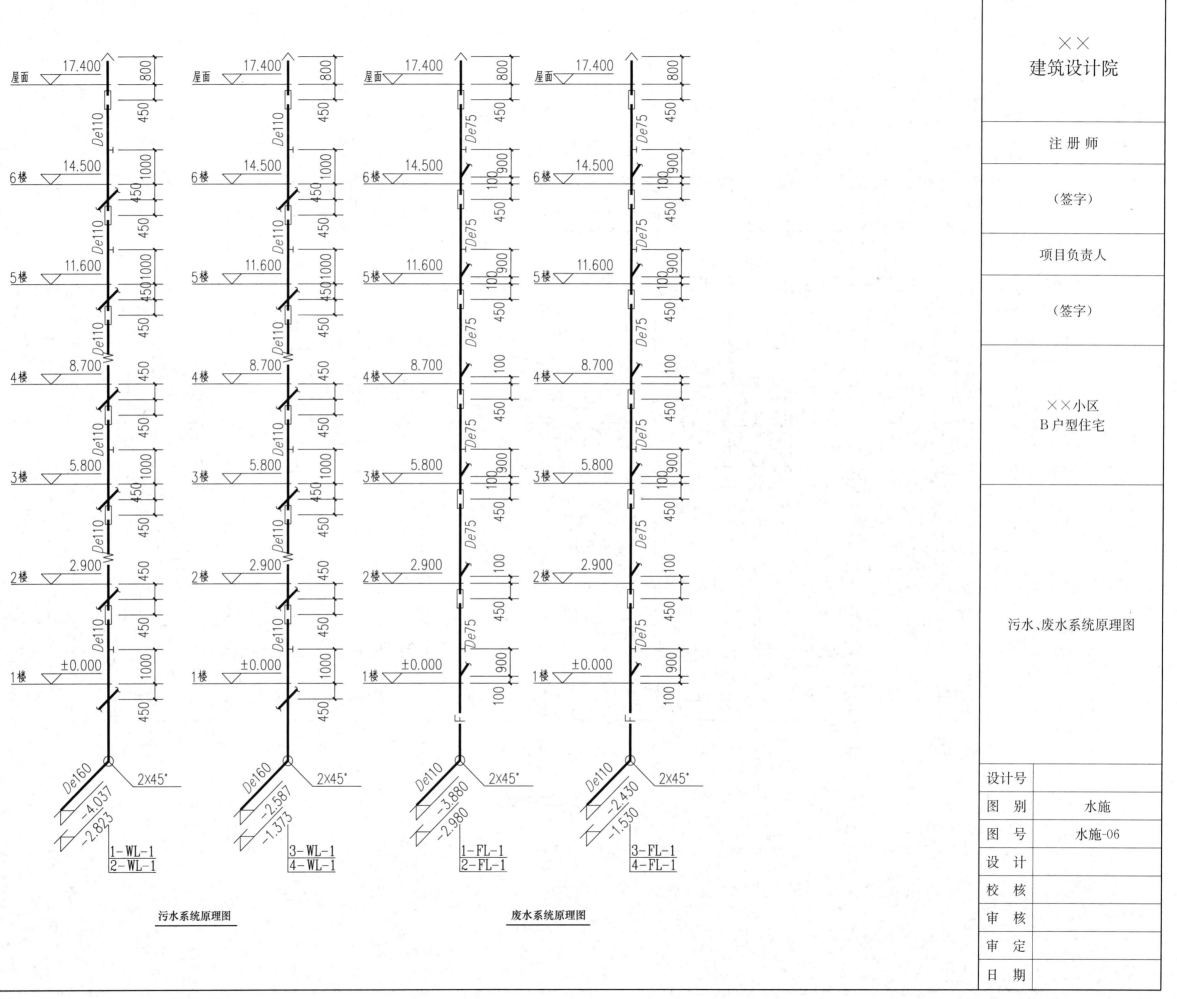

污水系统原理图

废水系统原理图

污水、废水系统原理图

××
建筑设计院

注 册 师

（签字）

项目负责人

（签字）

××小区
B户型住宅

设计号

图 别　水施

图 号　水施-06

设 计

校 核

审 核

审 定

日 期

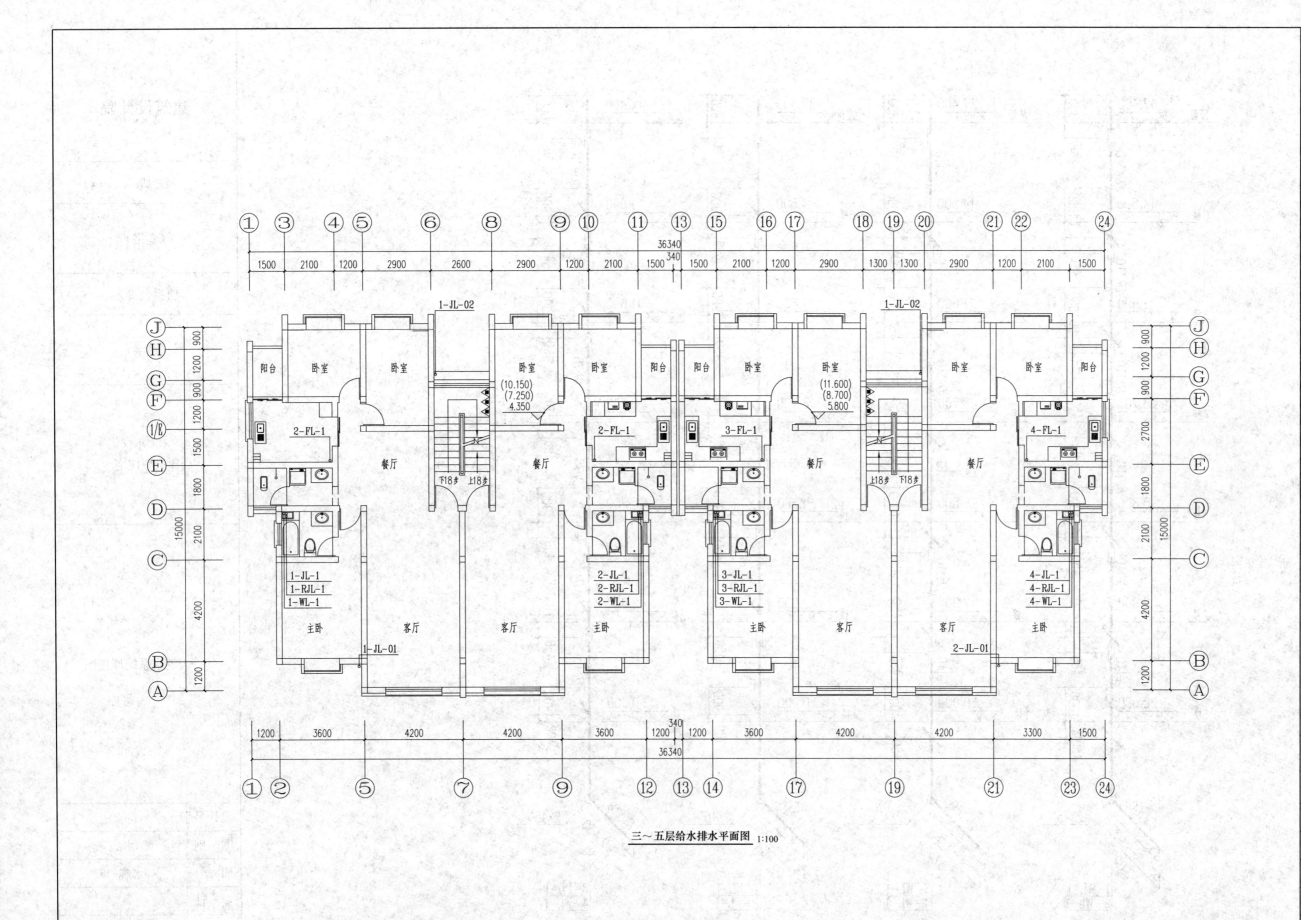

三~五层给水排水平面图 1:100

设计号	
图 别	水施
图 号	水施-07
设 计	
校 核	
审 核	
审 定	
日 期	

××
建筑设计院

注 册 师

（签字）

项目负责人

（签字）

××小区
B 户型住宅

三~五层给水排水平面图

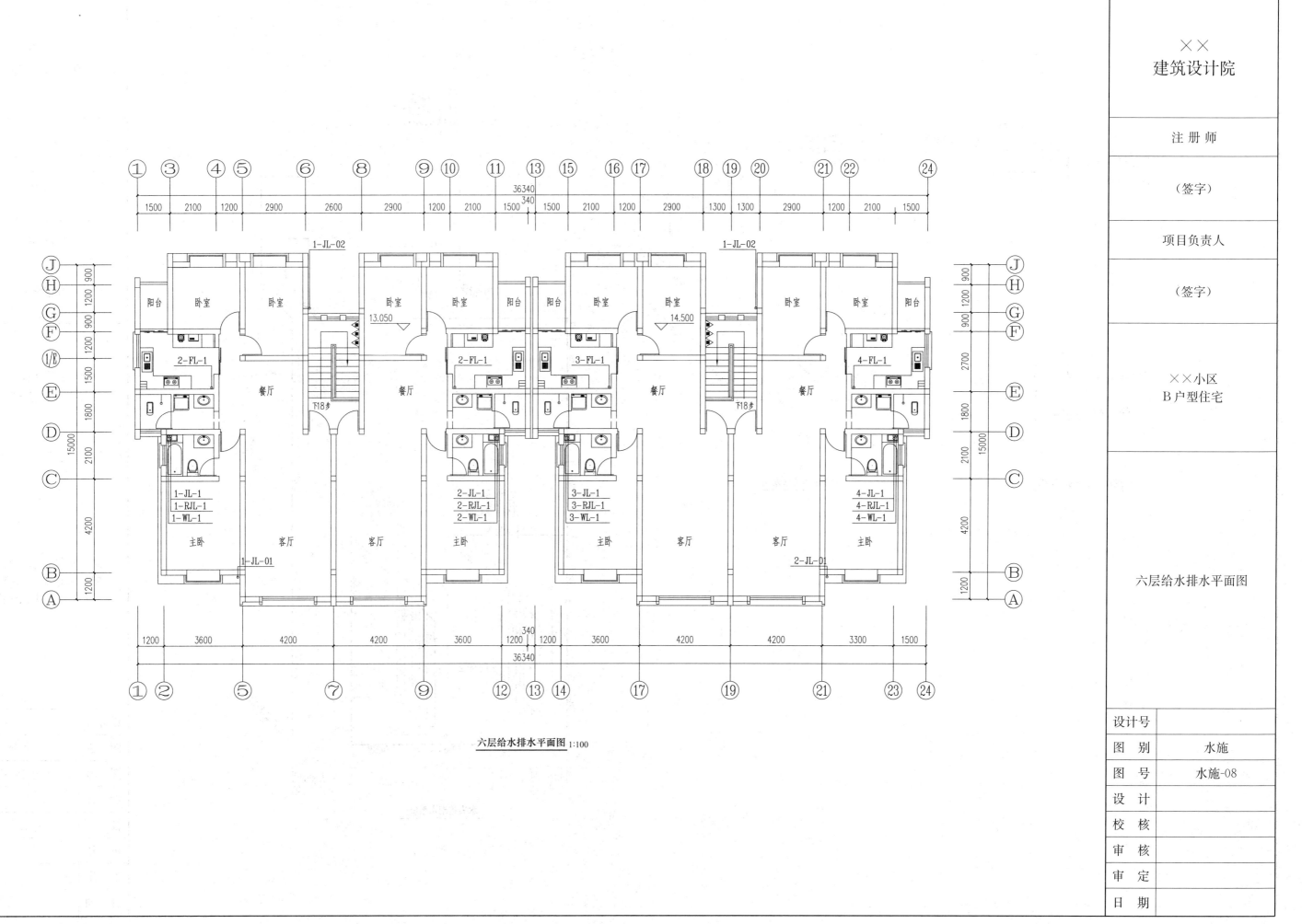

六层给水排水平面图 1:100

××
建筑设计院

注 册 师

（签字）

项目负责人

（签字）

××小区
B户型住宅

六层给水排水平面图

设计号	
图 别	水施
图 号	水施-08
设 计	
校 核	
审 核	
审 定	
日 期	

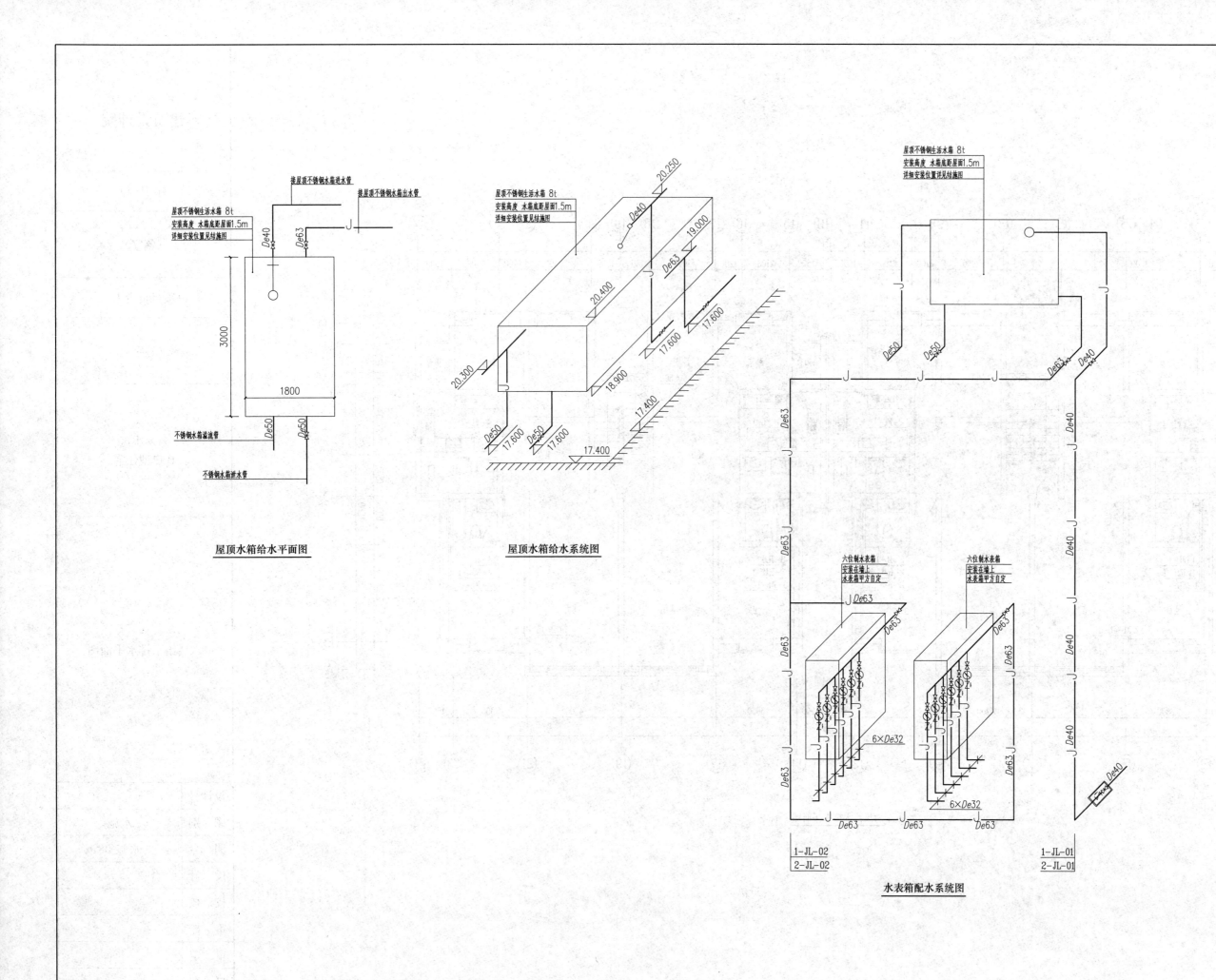

接屋顶不锈钢水箱进水管

接屋顶不锈钢水箱出水管

屋顶不锈钢生活水箱 8t
安装高度 水箱底距屋面1.5m
详细安装位置见结施图

De40
De63
J

3000

1800

不锈钢水箱溢流管

De50
De50

不锈钢水箱泄水管

屋顶水箱给水平面图

屋顶不锈钢生活水箱 8t
安装高度 水箱底距屋面1.5m
详细安装位置见结施图

20.250
De40
19.000
De63
J
20.400
20.300
18.900
De50
17.600
De50
17.600
17.600
17.600
17.400

屋顶水箱给水系统图

屋顶不锈钢生活水箱 8t
安装高度 水箱底距屋面1.5m
详细安装位置见结施图

De50
De50
De63
De40

J
J
J
J

De63
De63
De40

六位铜水表箱
安装在墙上
水表箱甲方自定
J De63

六位铜水表箱
安装在墙上
水表箱甲方自定
De63

De63
De63
De40
De40

6×De32

De63
De63

6×De32

De63
De63

De63
De63
De40

1-JL-02
2-JL-02

1-JL-01
2-JL-01

水表箱配水系统图

××
建筑设计院

注 册 师

（签字）

项目负责人

（签字）

××小区
B户型住宅

屋顶水箱给水平面图、
屋顶水箱给水系统图、
水表箱配水系统图

设计号	
图　别	水施
图　号	水施-09
设　计	
校　核	
审　核	
审　定	
日　期	

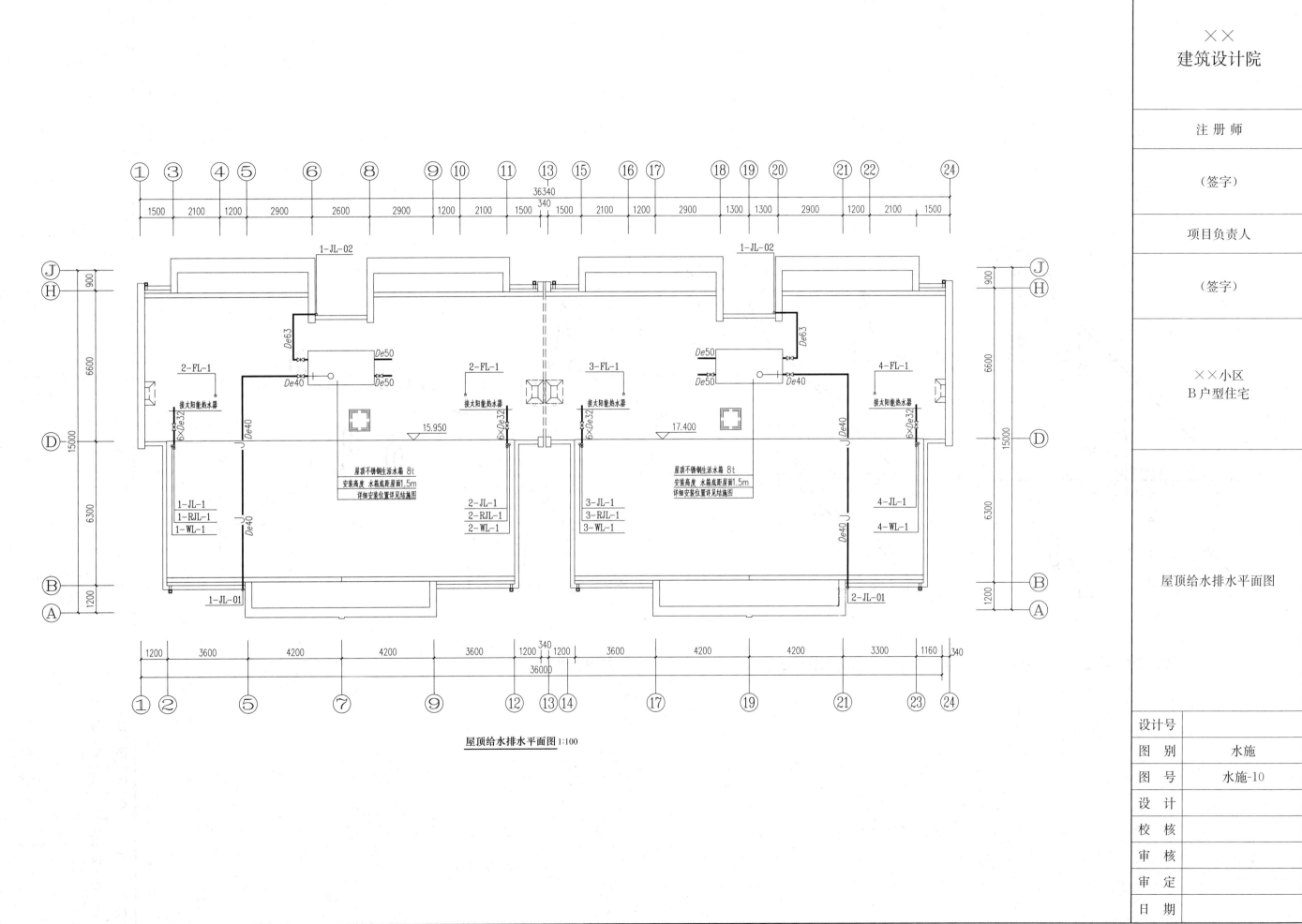

屋顶给水排水平面图 1:100

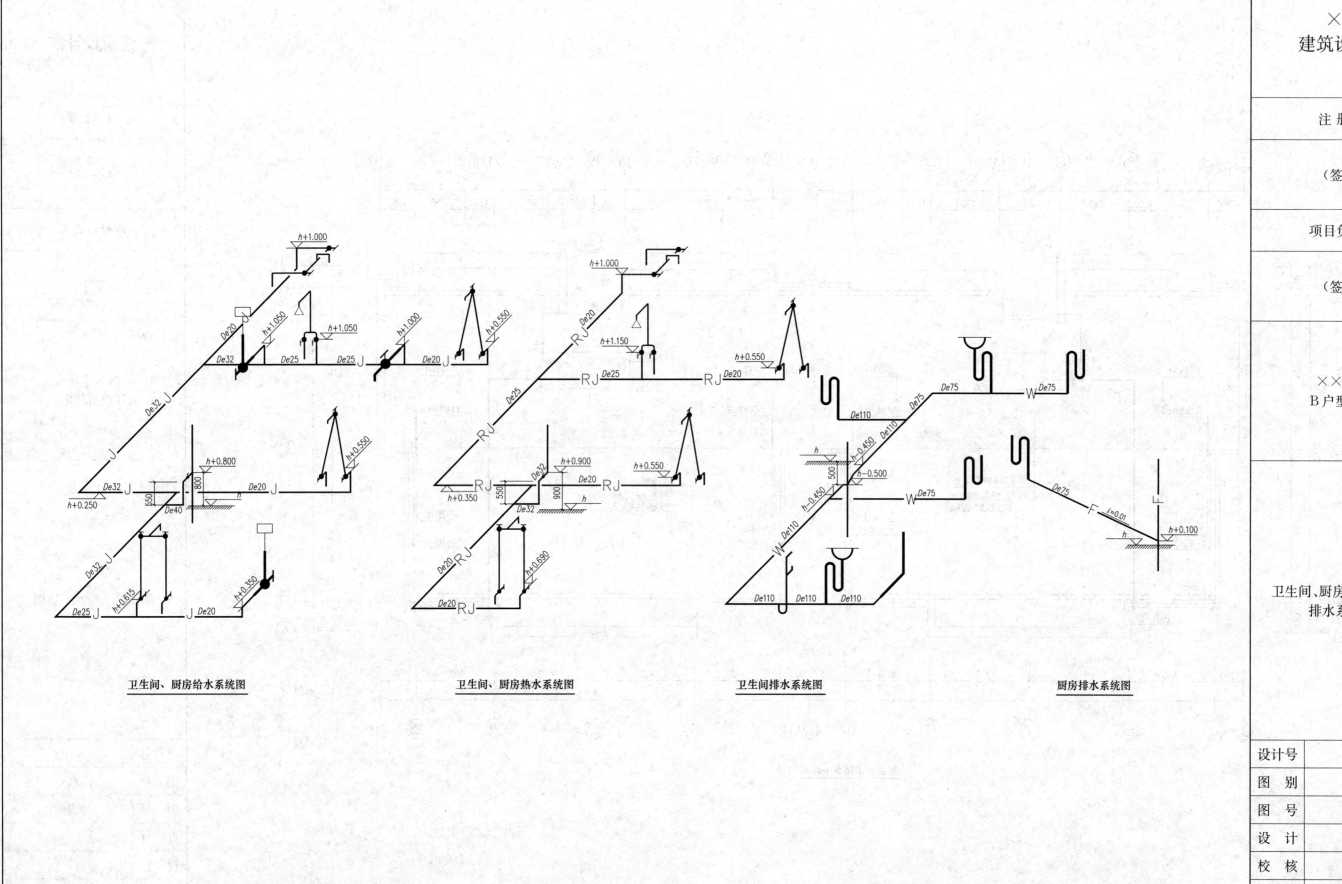

卫生间、厨房给水系统图　　　　　卫生间、厨房热水系统图　　　　　卫生间排水系统图　　　　　厨房排水系统图

××
建筑设计院

注 册 师

（签字）

项目负责人

（签字）

××小区
B户型住宅

卫生间、厨房给水、热水、
排水系统图

设计号	
图　别	水施
图　号	水施-11
设　计	
校　核	
审　核	
审　定	
日　期	

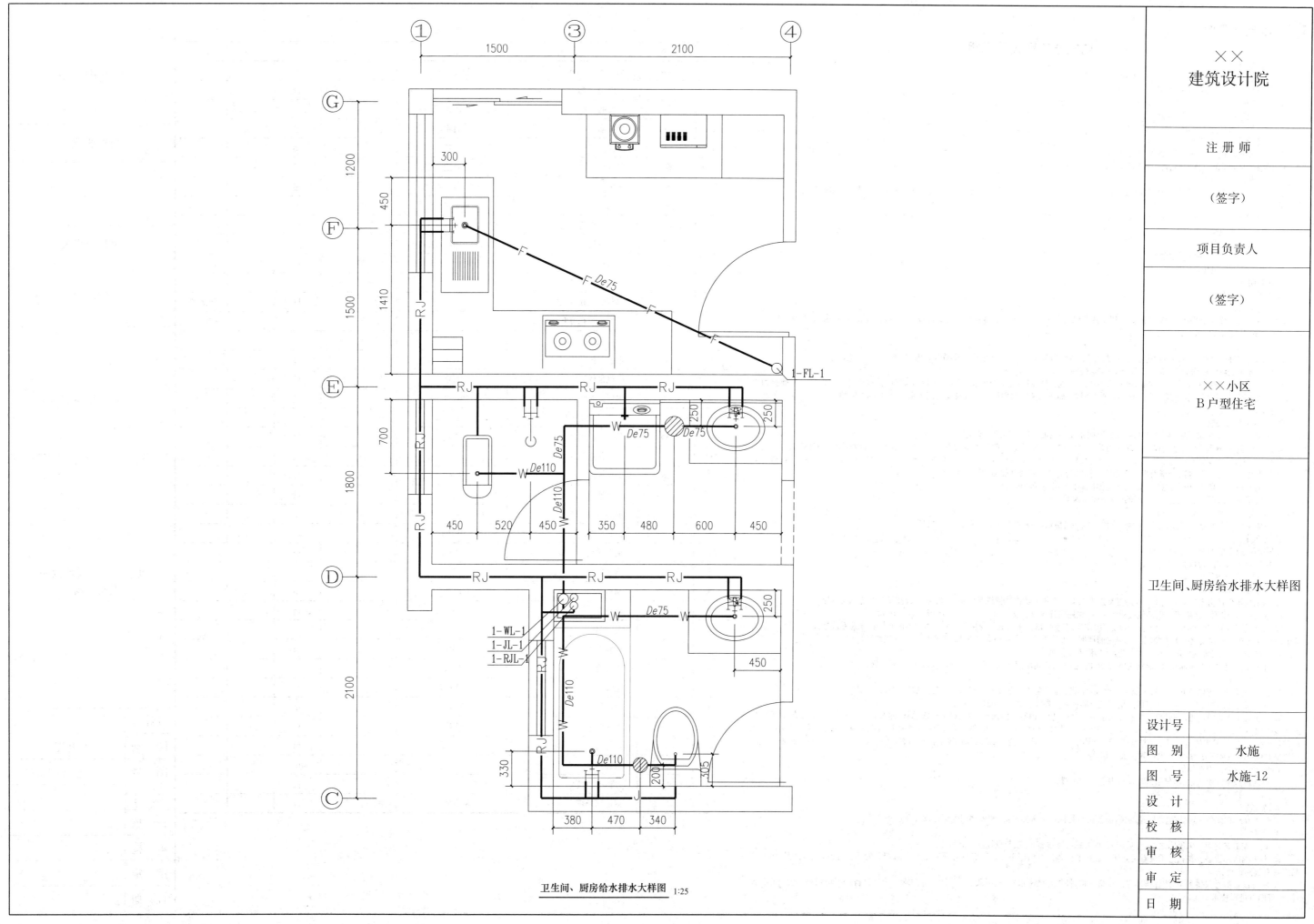

注 册 师

（签字）

项目负责人

（签字）

××小区
B 户型住宅

卫生间、厨房给水排水大样图

卫生间、厨房给水排水大样图 1:25

1-FL-1

1-WL-1
1-JL-1
1-RJL-1

设计号	
图　别	水施
图　号	水施-12
设　计	
校　核	
审　核	
审　定	
日　期	

1.5 电气施工图

电气施工图设计说明

一、设计依据
1.《民用建筑电气设计规范》JGJ 16—2008
2.《低压配电设计规范》GB 50054—2011
3.《建筑物防雷设计规范》GB 50057—2010
4.《建筑设计防火规范》GB 50016—2006
5.《建筑照明设计标准》GB 50034—2013
6.《住宅设计规范》GB 50096—2011
7.《住宅建筑规范》GB 50368—2005
8.其他专业提供的条件及甲方设计委托书

二、工程概况
本工程为××市××社区宅基地安置小区内的住宅楼,一～六层为平层住宅。作为单体建筑电气设计,室外强弱电进线部分详见电气总平面图。

三、设计内容
1. 0.4kV供配电
2. 室内照明
3. 电视、电话及网络系统管线敷设
4. 接地系统及等电位联结
5. 建筑防雷

四、电力配电系统
1. 负荷等级:三级。
2. 低压配电系统采用220/380V放射式与树干式相结合的方式,对于单台容量较大的负荷或重要负荷采用放射式供电,对于照明及一般负荷采用树干式与放射式相结合的供电方式。

五、照明系统
1. 光源:根据商品住宅的特点,除过道等部位为高效节能型吸顶灯以外,其余均以简易灯具为主,便于二次装修。
2. 照度要求:客厅、厨房为150Lx,其余为100Lx,楼梯过道为50Lx。
3. 照明:插座分别由不同的支路供电,除应急照明箱出线采用BV(3×2.5)外,其他均为BV(2×2.5);插座为单相三线。卫生间设专用回路,考虑到卫生间顶部取暖等因素,插座与照明共用回路。灯具安装高度低于2.4m时,需增加一根PE线,平面图不再标注。

六、设备选择及安装
1. 一层总表箱安装高度为中距地1.6m,其余照明箱安装高度为底边距地2.0m。
2. 照明开关、插座均为86系列,暗装,除注明外,均为25V/10A;应急照明开关应带电源指示灯。除注明者外,插座均为单相两孔+三孔安全型,油烟机插座安装高度为中距地1.9m,其余插座安装高度为中距地0.3m。开关底边距地1.4m,距门框0.15m。有沐浴、浴缸的卫生间内开关、插座选用防潮防溅型面板。楼道声光控制延时开关安装高度为中距地1.9m。
3. 弱电插座安装高度为中距地0.3m,与强电插座间距不小于0.3m。
4. 弱电箱等平面图上已标注安装高度的,以平面图为准。
5. PE线必须用绿/黄导线或标识。
6. 平面图中所有回路均按回路穿管,不同支路不应共管敷设。各回路N、PE线均从箱内引出。

七、电气节能
1. 采用高效节能型灯具。
2. 楼道照明采用声光控制延时开关。

八、建筑物防雷、接地及安全
（一）建筑物防雷
1. 本工程年预计雷击次数约为0.14,防雷类别为三类。建筑的防雷装置满足防雷电波的侵入,并设置总等电位联结。
2. 接闪器:在屋顶女儿墙等凸出部位避雷带,屋顶避雷连接线网格不大于20m×20m或24m×16m。
3. 引下线:利用建筑物钢筋混凝土柱子或剪力墙内两根φ16以上主筋作为引下线,引下线上端与避雷带连接,下端与建筑物基础底梁及基础底板轴线上的上下两层的两根主筋焊接。外墙引下线在室外地面下1m处引出与室外接地线焊接。
4. 接地极:接地装置利用建筑基础内主筋,并加设人工接地。
5. 凡突出屋面的所有金属构件、金属通风管、屋顶电加热、金属屋面、金属屋架等均应与避雷带可靠焊接。
（二）接地及安全
1. 强弱电及设备等电位联结共用统一接地极,要求接地电阻不大于4.0Ω,实测不满足要求时,增设人工接地极。
2. 凡正常不带电,而当绝缘破坏有可能呈现电压的一切电器设备金属外壳均应可靠接地。
3. 本工程采用总等电位联结,总等电位板采用紫铜板制成,将建筑物内保护干线、设备进线总管、建筑物金属构件进行联结,总等电位连接线采用BV-1×25PVC20,总等电位板与各种型号的等电位卡子联结,不允许在金属管道上焊接。有洗浴设备的卫生间,沐浴间采用局部等电位联结,从适当的地方引出两根大于φ16结构钢筋至局部等电位箱LEB;局部等电位暗装,底距地0.3m。将卫生间内所有金属管道、构件联结,具体做法参考《等电位联结安装》02D501-2。
4. 配电箱内装二级电涌保护器。
5. 有线电视系统引入端、电信引入端设过电压保护装置。
6. 本工程接地采用TN-C-S系统。

九、弱电部分
本设计为预留管线,提供等电位联结的条件;预留线管至各终端插座,由相关部门做深化设计及设备选型。

十、其他
1. 凡与施工有关而又未说明之处,参见国家、地方标准图集施工,或与设计院协商解决。
2. 本工程所选设备、材料,必须具有国家级检测中心的检测合格证书(3C认证);必须满足与产品相关的国家标准,供电产品、消防产品应具有消防许可证。
3. 所选设备型号仅供参考,招标所确定的设备规格、性能等技术指标,应不低于设计图纸的要求。所有设备厂家均须对建设、施工、设计、监理四方进行技术交底。

主要材料表

序号	图例	名称	型号	规格	单位	数量	备注
1		电表箱 1AW1 1AW2	甲方定制		台		
2		配电箱 AL1 AL2 AL3	PZ30		台		
3		电源插座箱 AX	PZ30		台		
4		换气扇	自定		台		
5		镜前壁灯	自定		盏		
6		吸顶灯	自定		盏		
7		吸顶灯	MX-C32CXYA		盏		
8		防潮灯	自定		盏		
9		单联单控暗开关		250V 10A	只		
10		声控自熄暗开关	DK-4		只		
11		双联单控暗开关		250V 10A	只		
12		三联单控暗开关		250V 10A	只		
13		单相二三孔双联暗插座		250V 10A	只		防潮型
14		单相二三孔双联暗插座		250V 10A	只		带防护
15		油烟机插座		250V 10V	只		
16		电视分配器箱	自定		台		
17		弱电配线箱	自定		只		
18		多媒体布线箱	PB6021B		只		
19		门禁对讲室外机	自定		台		
20		门禁对讲室内机	自定		台		
21		语音信息双联插座	自定		只		
22		电话插座	HZ-1		只		
23		电视插座	TV-2		只		
24		铜芯电缆	YJV-0.6/1kV-4×35		m		
25		铜芯导线	BVR-10		m		
26		铜芯导线	BVR-6		m		
27		铜芯导线	BV-4		m		
28		铜芯导线	BV-2.5		m		
29		镀锌钢管	S70		m		
30		镀锌钢管	S50		m		
31		镀锌钢管	S40		m		
32		电线管	PVC32		m		
33		电线管	PVC25		m		
34		电线管	PVC20		m		
35		电线管	PVC16		m		
36		镀锌扁钢	−40×5		m		
37		镀锌圆钢	φ10		m		
38		镀锌接地极	L63×63×5×2500		根		
39		接地端子箱	ME(R)-A		台		

××
建筑设计院

注册师

（签字）

项目负责人

（签字）

××小区
B户型住宅

电气施工图设计说明、
主要材料表

设计号	
图别	电施
图号	电施-01
设计	
校核	
审核	
审定	
日期	

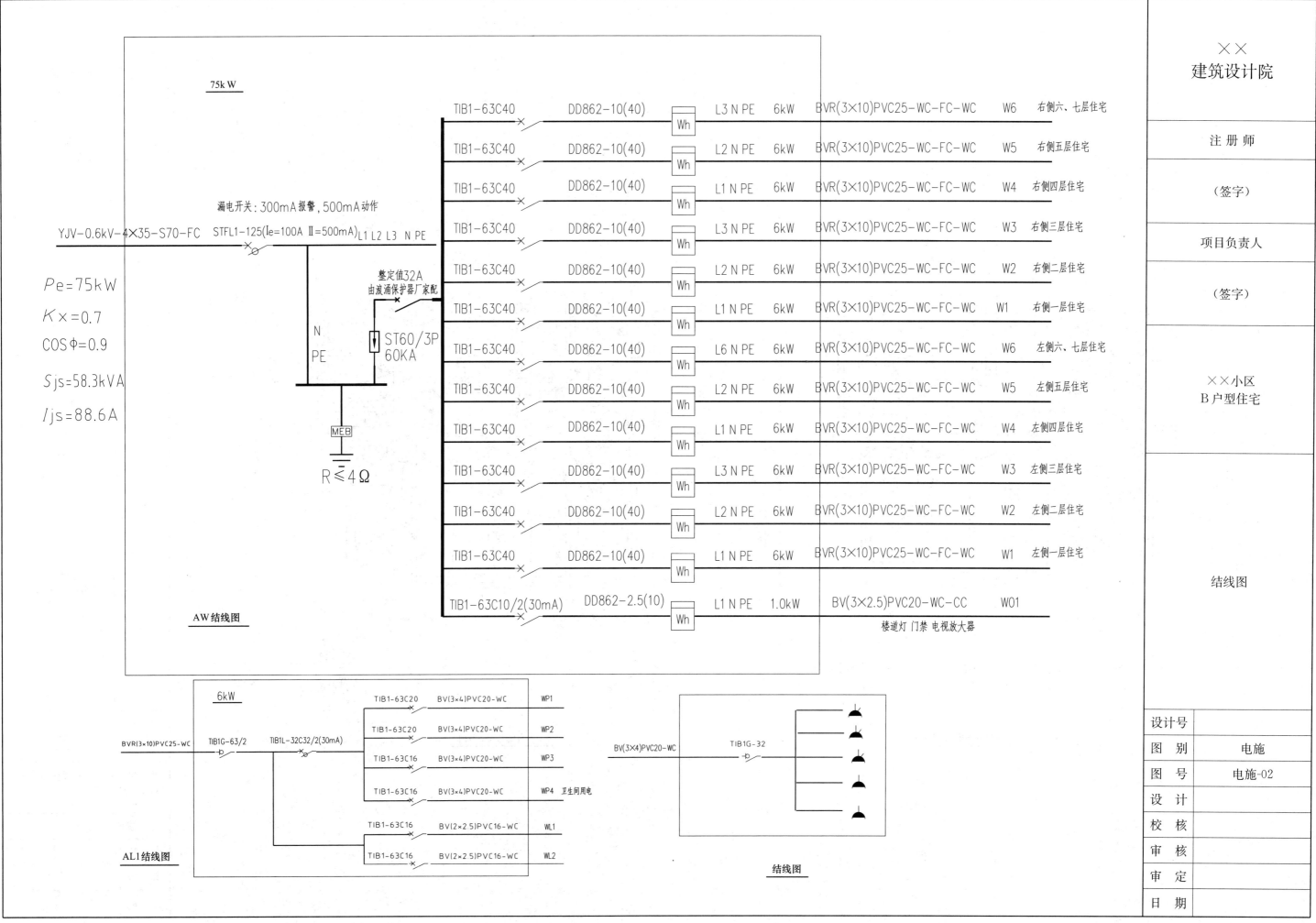

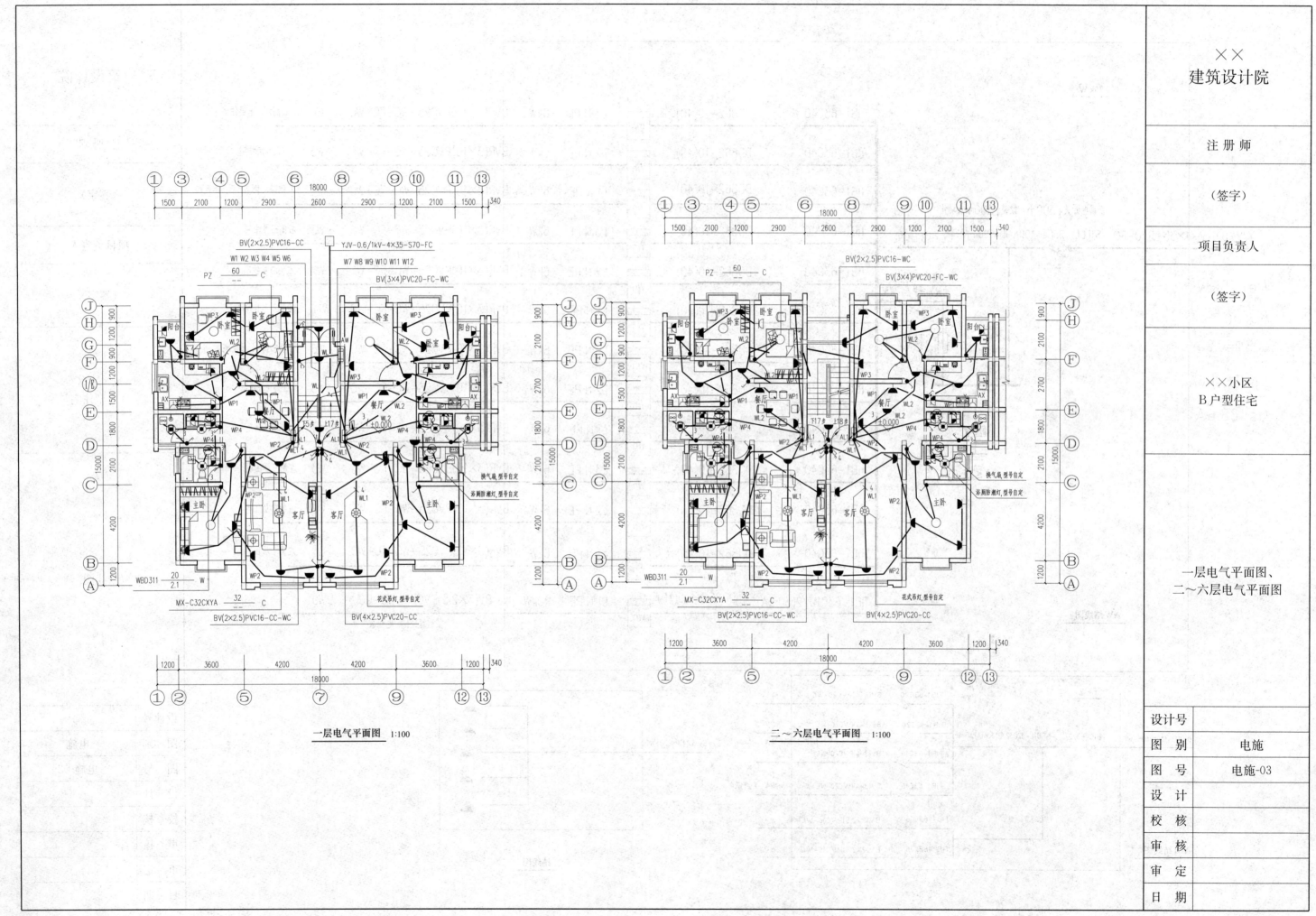

一层电气平面图 1:100

二~六层电气平面图 1:100

建筑设计院

注 册 师

（签字）

项目负责人

（签字）

××小区
B户型住宅

一层电气平面图、
二~六层电气平面图

设计号	
图 别	电施
图 号	电施-03
设 计	
校 核	
审 核	
审 定	
日 期	

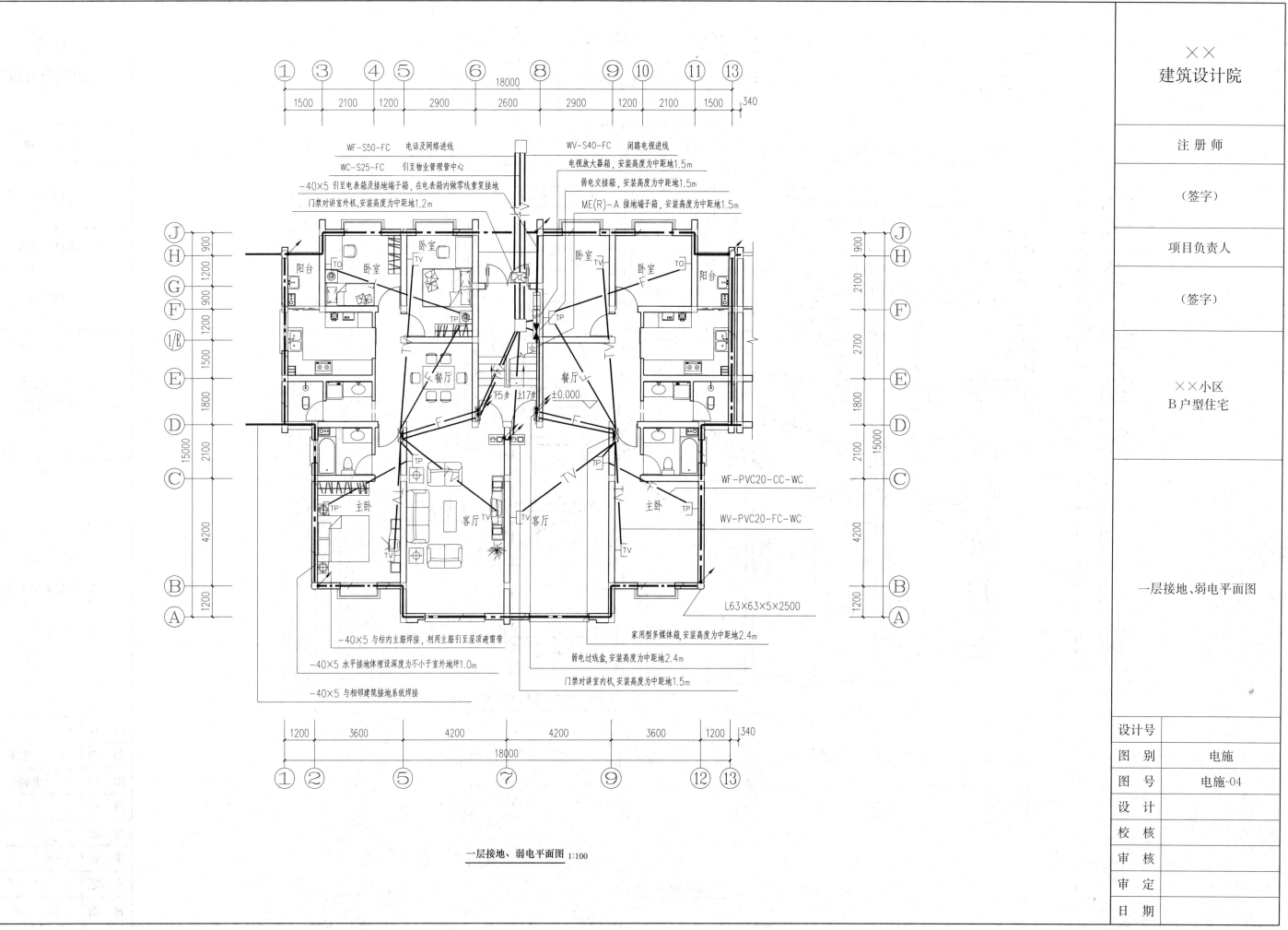

一层接地、弱电平面图 1:100

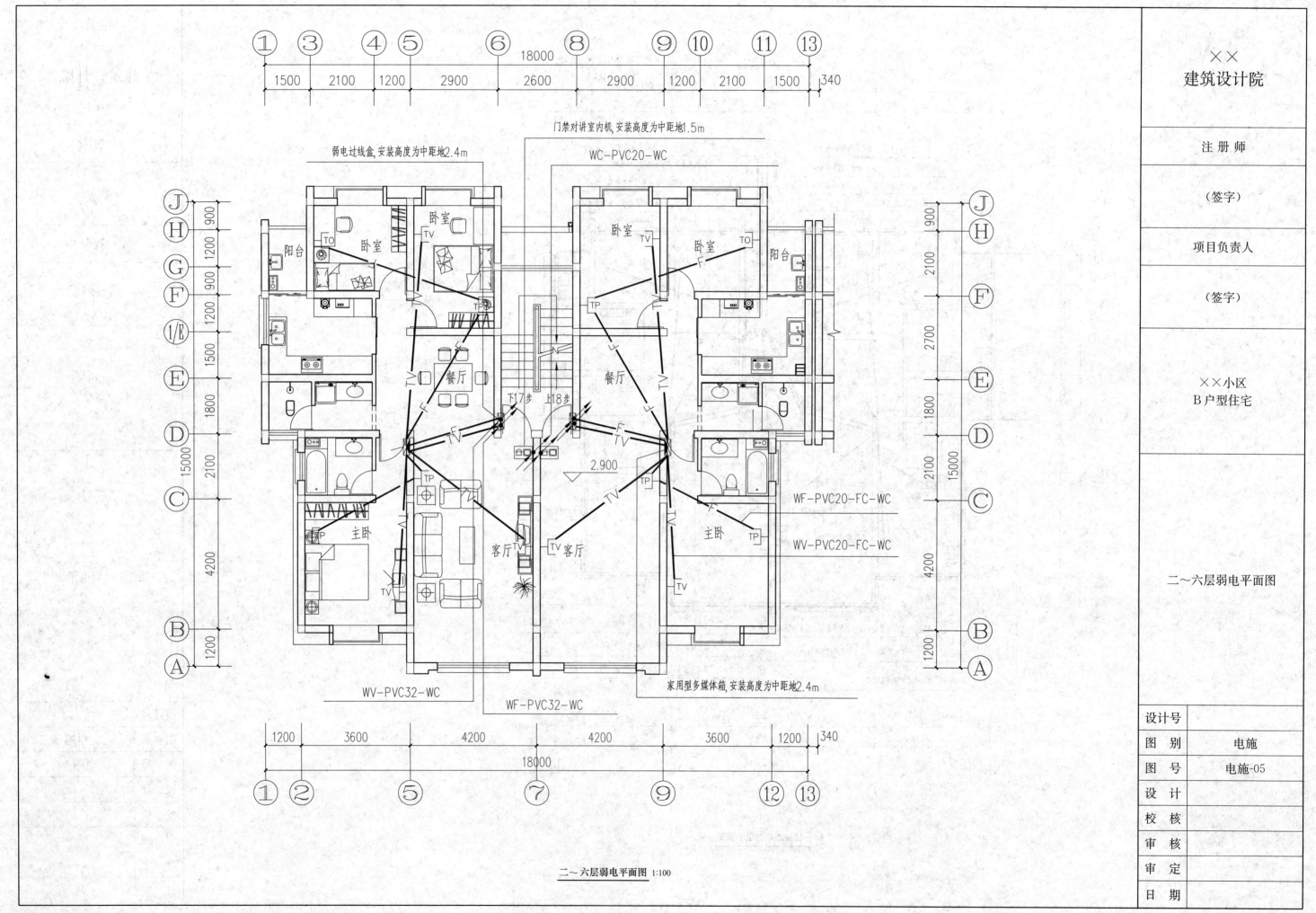

门禁对讲室内机,安装高度为中距地1.5m

弱电过线盒,安装高度为中距地2.4m

WC-PVC20-WC

阳台
卧室
TO
卧室
TV
卧室
TV
卧室
TO
阳台

TP

TP
餐厅
TV
餐厅
TP

下17步   上18步
2.900
WF-PVC20-FC-WC

TP
主卧
TV
客厅
TV
TV
客厅
主卧
TP
WV-PVC20-FC-WC

TV
TV

WV-PVC32-WC
WF-PVC32-WC
家用型多媒体箱,安装高度为中距地2.4m

1500 2100 1200 2900 2600 2900 1200 2100 1500 340
18000

900 1200 900 1200 1500 1800 2100 4200 1200
15000

1200 3600 4200 4200 3600 1200 340
18000

二～六层弱电平面图 1:100

××
建筑设计院

注 册 师

（签字）

项目负责人

（签字）

××小区
B户型住宅

二～六层弱电平面图

设计号	
图　别	电施
图　号	电施-05
设　计	
校　核	
审　核	
审　定	
日　期	

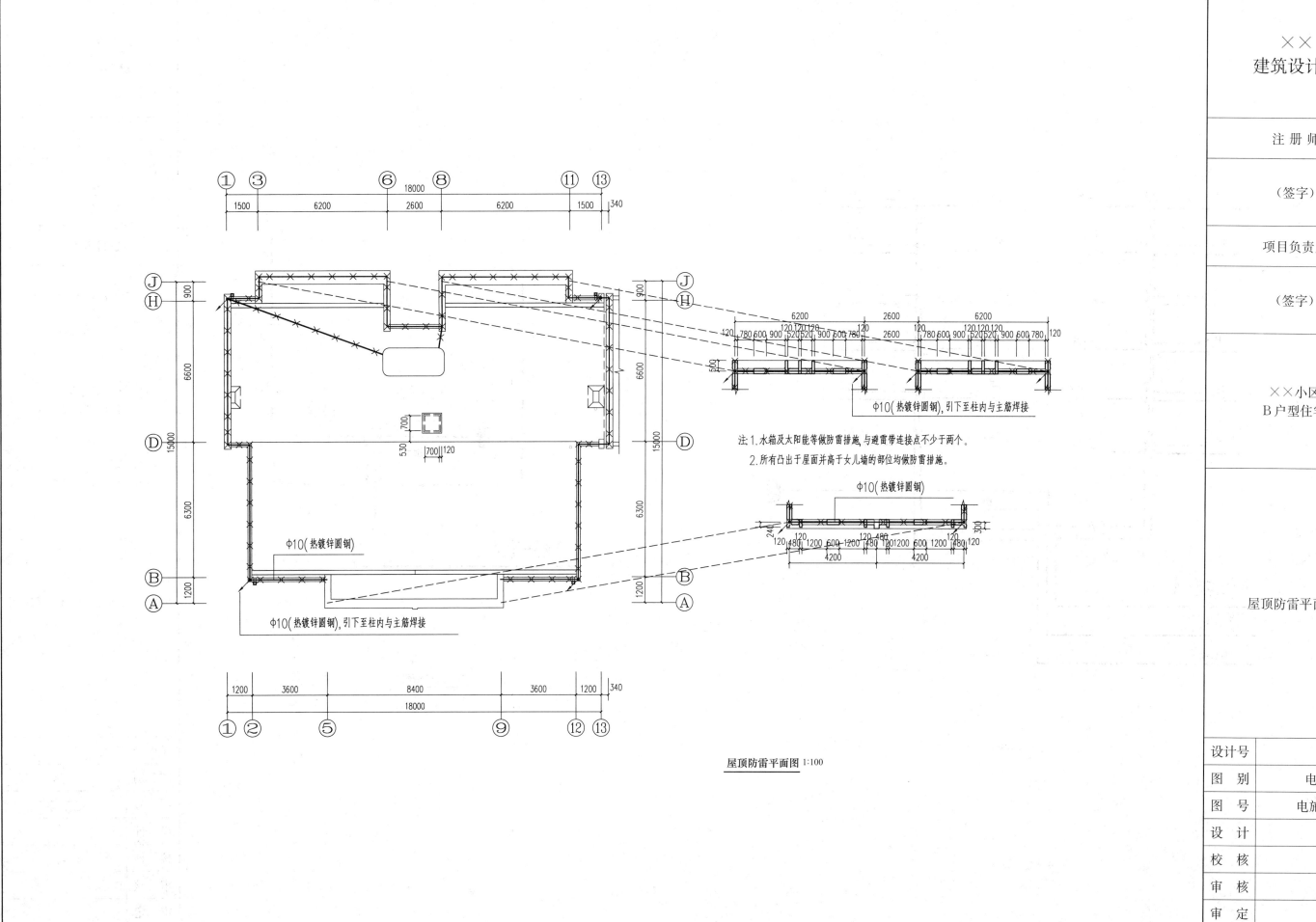

Φ10(热镀锌圆钢),引下至柱内与主筋焊接

注:1.水箱及太阳能等做防雷措施,与避雷带连接点不少于两个。
2.所有凸出于屋面并高于女儿墙的部位均做防雷措施。

Φ10(热镀锌圆钢)

Φ10(热镀锌圆钢)

Φ10(热镀锌圆钢),引下至柱内与主筋焊接

屋顶防雷平面图 1:100

××	建筑设计院

注 册 师

(签字)

项目负责人

(签字)

××小区
B户型住宅

屋顶防雷平面图

设计号	
图 别	电施
图 号	电施-06
设 计	
校 核	
审 核	
审 定	
日 期	

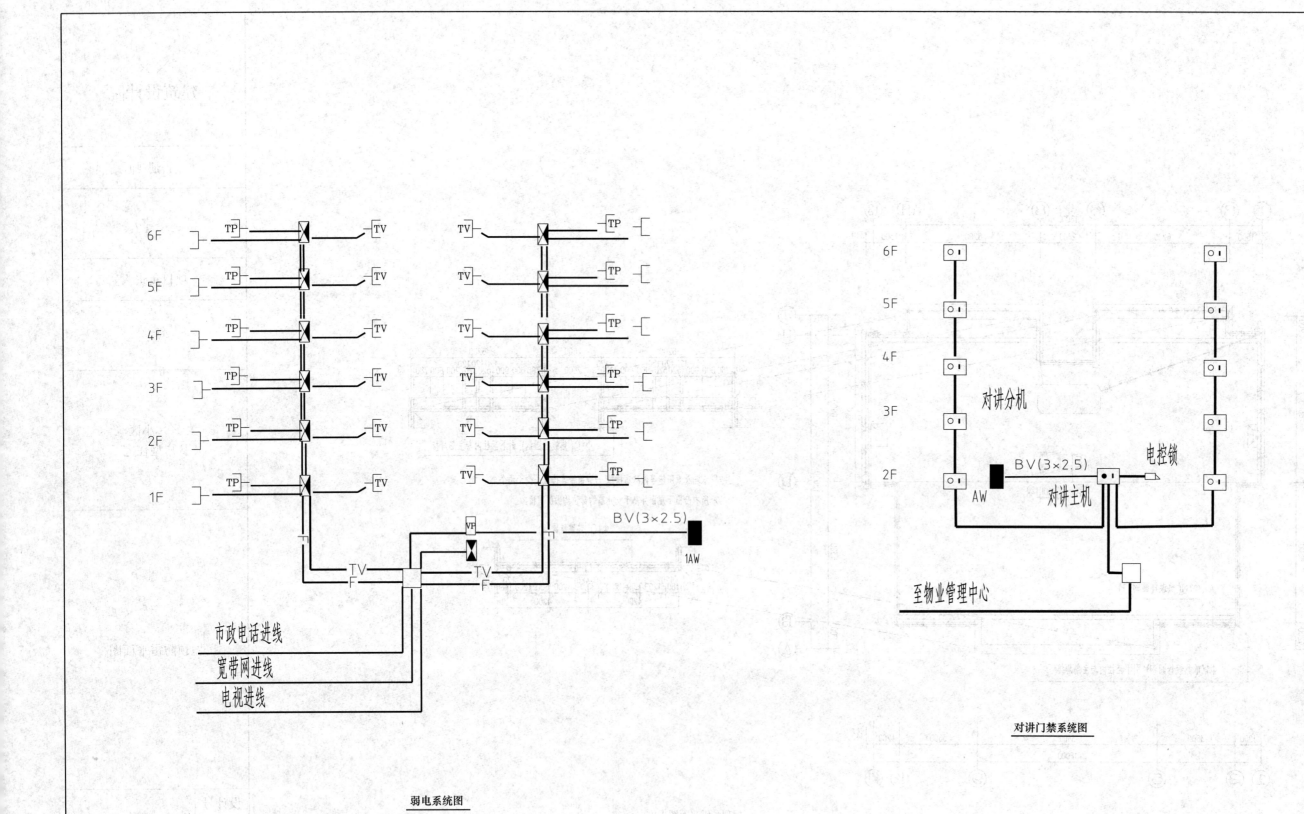

弱电系统图

市政电话进线
宽带网进线
电视进线

BV(3×2.5)
1AW

对讲门禁系统图

对讲分机

BV(3×2.5)

电控锁

AW   对讲主机

至物业管理中心

2 某框架结构小学综合楼

2.1 图纸目录

专业	序号	图纸编号	图纸名称	图幅	页码	专业	序号	图纸编号	图纸名称	图幅	页码
建筑	01	建施-01	建筑施工图设计说明	A2	50	结构	19	结施-09	11.700m 标高梁结构平面图	A2	68
	02	建施-02	总平面图	A2	51		20	结施-10	3.900～7.800m 标高板配筋图	A2	69
	03	建施-03	一层平面图	A2	52		21	结施-11	女儿墙大样图、11.700m 标高屋面板配筋图	A2	70
	04	建施-04	二层平面图	A2	53		22	结施-12	构造柱、过梁、框架梁、挑板、洞口节点及配筋详图	A2	71
	05	建施-05	三层平面图	A2	54		23	结施-13	楼梯结构及配筋详图	A2	72
	06	建施-06	①-⑩立面图、⑩-①立面图	A2	55	给水排水	24	水施-01	给水排水施工图设计说明、主要设备及材料表	A2	73
	07	建施-07	Ⓐ-Ⓓ立面图、Ⓓ-Ⓐ立面图、门窗表、材料做法表	A2	56		25	水施-02	一层给水排水平面图、二层给水排水平面图	A2	74
	08	建施-08	屋顶平面图、1-1 剖面图	A2	57		26	水施-03	三层给水排水平面图、屋顶给水排水平面图	A2	75
	09	建施-09	楼梯间大样图	A2	58		27	水施-04	给水排水系统原理图、洗手盆化验盆给水排水大样图、洗手盆化验盆给水排水系统图	A2	76
	10	建施-10	科学教室大样图、计算机教室大样图、普通教室大样图	A2	59	电气	28	电施-01	电气施工图设计说明	A2	77
结构	11	结施-01	结构施工图设计说明、层高表	A2	60		29	电施-02	主要材料表、配电箱结线图	A2	78
	12	结施-02	基础平面布置图、框架柱柱墩加强做法、拉梁配筋图、条形基础 1-1 大样图	A2	61		30	电施-03	一层电气平面图、配电箱结线图	A2	79
	13	结施-03	独立基础大样图	A2	62		31	电施-04	二层照明平面图、二层电气平面图	A2	80
	14	结施-04	第一层柱结构平面图	A2	63		32	电施-05	三层电气平面图、配电箱结线图	A2	81
	15	结施-05	第二层柱结构平面图	A2	64		33	电施-06	屋顶电气、防雷平面图	A2	82
	16	结施-06	第三层柱结构平面图	A2	65		34	电施-07	一层接地、弱电平面图、二层弱电平面图	A2	83
	17	结施-07	3.900m 标高梁结构平面图	A2	66		35	电施-08	三层弱电平面图、弱电线路示意图	A2	84
	18	结施-08	7.800m 标高梁结构平面图	A2	67						

2.2 建筑施工图

建筑施工图设计说明

一、设计依据

1. 建设单位提供的总用地图及相关资料和设计要求。

2. 国家现行的相关规范、规定、标准及工程建设标准强制性条文。

(1)《建筑设计防火规范》GB 50016—2006

(2)《民用建筑设计通则》GB 50352—2005

(3)《中小学校设计规范》GB 50099—2011

(4)《无障碍设计规范》GB 50763—2012

(5)《屋面工程技术规范》GB 50345—2012

(6)《云南省民用建筑节能设计标准》DBJ 53/T-39-2011

(7)其他现行的国家及地方有关规范、标准、规程、规定。

二、工程设计项目概况

1. 本工程拟建于××县××乡,用地现状为平地。

2. 建设规模:

总建筑面积 1249.50m²。

总建筑占地面积 416.50m²。

3. 按建筑抗震设防分类,建筑类别为重点设防类,建筑耐火等级为二级。

4. 建筑结构类别:框架结构。

5. 建筑高度:建筑高度为 12.15m。室内外高差为 0.45m。

6. 以主体结构确定的设计使用年限为 50 年。

7. 建筑物抗震设防烈度 8 度。

8. 建筑物屋面防水等级:Ⅱ级。

三、总平面

1. 图中±0.000 暂定为现有地坪上 0.45m。

2. 本工程室内外高差 0.45m。

3. 本设计除竖向标高及总图尺寸以米(m)为单位外,其余尺寸均以毫米(mm)为单位。

4. 施工图中的标高均为结构完成面标高。

四、主要建筑构造及建筑做法

1. 墙体

(1)本工程所有墙体均采用 200mm 厚混凝土多孔砖。

(2)本工程墙体及砌筑砂浆强度等级详见结施图。

(3)墙体中 300mm 以下洞口,建施图均未标注,施工时应与有关工种配合留洞。

2. 地面工程及室内各部位防水

(1)本工程地面,按"材料做法表"要求施工。

(2)教学楼走廊:找坡 1‰坡向地漏或泄水管,找坡材料为 1:2.5 水泥砂浆,防水层采用改性沥青涂膜,防水层厚度≥3mm,上翻 300mm。

3. 门窗

(1)本工程除注明者外,外门窗、内门窗均居中立樘。

(2)窗为铝合金窗,铝合金门窗型材及安装应符合《塑钢门窗》88J13—1 的要求。

按要求配齐五金配件。塑钢门主要结构型材壁厚应不小于 2.0mm;铝合金窗主要结构型材壁厚应不小于 1.4mm;面积大于 1.5m 的单块玻璃必须选用安全玻璃(夹层或钢化玻璃)。

五、节能设计

1. 本工程位于××省境内,属温和地区。

2. 主要立面坐北朝南,主要房间均能自然通风采光,四季温差较小,主导风向为西南风。

3. 本建筑不考虑供暖和空调装置。

本工程体形整,日照、通风、采光良好,综合窗墙比值均小于 0.70。

4. 外墙采用大面积浅色外墙涂料饰面,墙体用混凝土多孔砖,传热系数小于 1.5kW/(m²·K),屋面传热系数小于 0.9kW/(m²·K)。

5. 外窗可开启面积不小于窗面积的 40%,窗户的气密性不低于现行国家标准《建筑外窗空气渗透性能升级及其检测方法》GB 7107 规定的 5 级水平。

6. 采用节水型卫生洁具,室外等公共部位,选用节能灯具和节能开关。

六、屋面工程

1. 本工程的屋面防水等级为Ⅱ级,做法详见剖面图。

2. 屋面排水组见各层平面图,屋面找坡为结构找坡,具体做法详见技术措施说明,雨水管采用 UP-VC 排水管,除图中另有注明者外。

3. 应严格按照有关规范所确定的施工程序和要求的气候条件施工,并结合产品说明书,由获得资格证书的专业施工人员进行操作。

4. 防水层做好后,应注意保护。防水试验合格后方可进行下一道工序的施工。

5. 屋面雨水管做法详见西南 11J201/P53(详 1),屋面雨水管参见水施图。

6. 屋面雨水口详见西南 11J201/P51(详 1a),屋面雨水管参见水施图。

7. 屋面泛水做法详见西南 11J201/P26(详 1)。

8. 屋面出入水口做法详见西南 11J201/P55(详 1)。

七、消防设计

1. 本工程根据《建筑设计防火规范》GB 50016—2006 进行消防设计。建筑耐火等级为二级。

2. 本工程总建筑面积 1249.50m²,分为一个防火分区。

3. 建筑地上三层,设两部疏散楼梯,疏散净宽为 3.1m,疏散外走道净长为 42.1m,净宽为 2.1m;疏散宽度、安全出口间距均满足规范要求;楼层最大的使用人数为 126 人。

4. 消防车道宽 4m,转弯半径为 9m。

八、无障碍设计

无障碍采用 1:12 坡道,做法详见西南 11J812/P6(详 A),坡道扶手详见西南 11J812/P8(详 1)。

九、其他

1. 本工程其他设备专业预埋件、预留孔洞位置、尺寸,详见各专业有关图纸。材料如有破损,必须修补完备后再进行下一道工序。

2. 各部位防水层施工后必须采取保护措施,以免防水层被破坏。

3. 本工程所有露明铁件均涂红丹或防锈漆一道,树脂型调和漆两道。预埋木砖、铁件等均须做防腐、防锈处理。

4. 本工程所采用的建筑制品及建筑材料应有国家或地方有关部门颁发的生产许可证及质量检验证明,材料的品种、规格、性能等应符合国家或行业相关质量标准。在施工过程中,主要材料、设备代换,需经业主、设计、监理三方同意。

5. 本施工图未尽事项,请按国家有关规范施工。

6. 所有窗台低于 900mm 的窗均设 1100mm 高护窗栏杆,做法详见西南 11J412/P35 相关做法,栏杆间距≤110mm。

	×× 建筑设计院
注 册 师	
(签字)	
项目负责人	
(签字)	
	××小学 教学综合楼
	建筑施工图设计说明
设计号	
图 别	建施
图 号	建施-01
设 计	
校 核	
审 核	
审 定	
日 期	

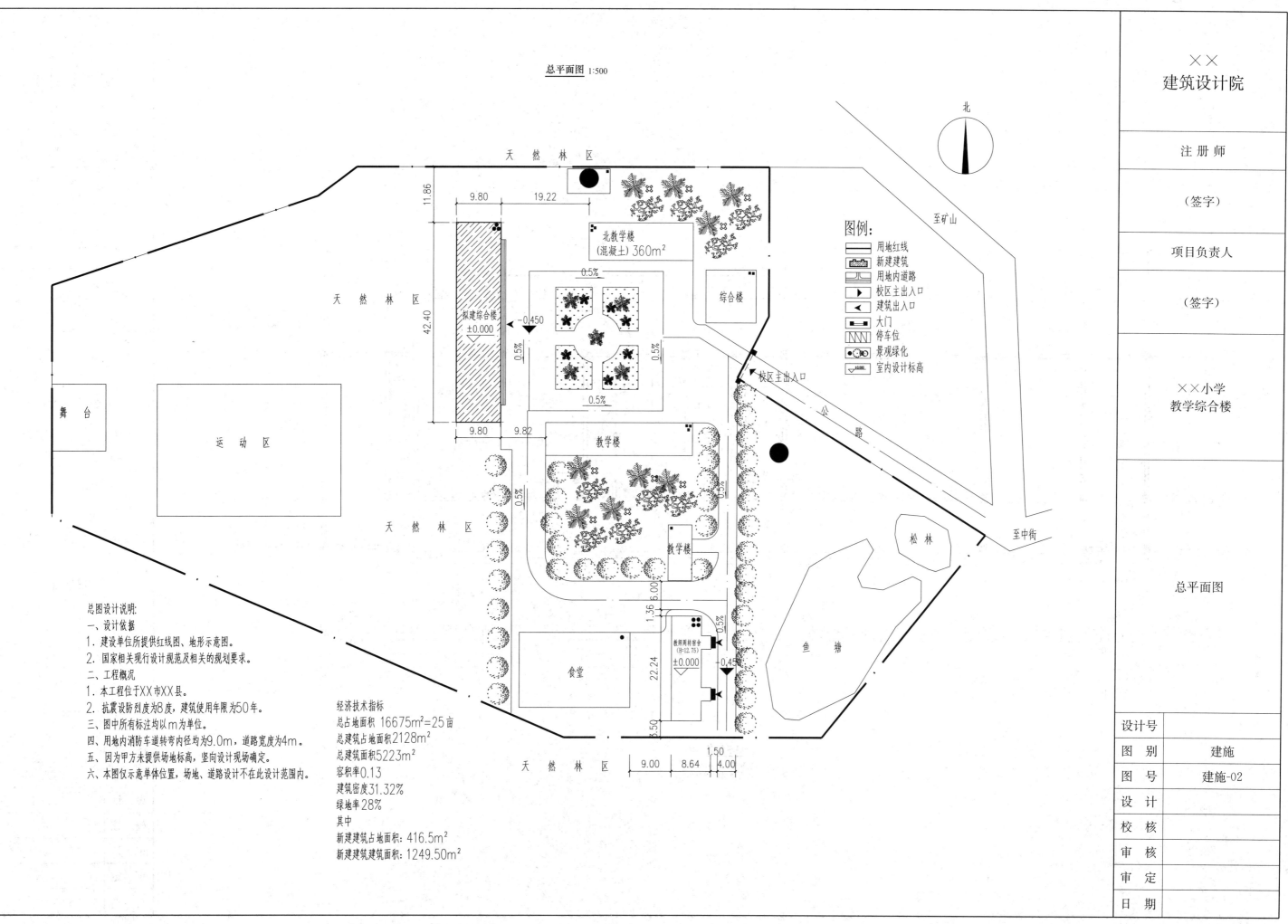

总平面图 1:500

天 然 林 区

至矿山

北

北教学楼
(混凝土) 360m²

综合楼

拟建综合楼
±0.000

校区主出入口

至中街

公路

松林

鱼塘

天 然 林 区

教学楼

教学楼

教师周转宿舍
(H=12.75)
±0.000

食堂

舞台

运动区

天 然 林 区

天 然 林 区

图例:
用地红线
新建建筑
用地内道路
校区主出入口
建筑出入口
大门
停车位
景观绿化
室内设计标高

11.86
9.80   19.22
42.40
-0.450
0.5%
0.5%
0.5%
0.5%
0.5%
9.80   9.82
0.5%
6.00
1.36
0.5%
22.24
-0.450
3.50
9.00   8.64   4.00
1.50

总图设计说明:
一、设计依据
1.建设单位所提供红线图、地形示意图。
2.国家相关现行设计规范及相关的规划要求。
二、工程概况
1.本工程位于XX市XX县。
2.抗震设防烈度为8度,建筑使用年限为50年。
三、图中所有标注均以m为单位。
四、用地内消防车道转弯内径均为9.0m,道路宽度为4m。
五、因为甲方未提供场地标高,竖向设计现场确定。
六、本图仅示意单体位置,场地、道路设计不在此设计范围内。

经济技术指标
总占地面积 16675m²=25亩
总建筑占地面积2128m²
总建筑面积5223m²
容积率0.13
建筑密度31.32%
绿地率28%
其中
新建建筑占地面积:416.5m²
新建建筑建筑面积:1249.50m²

××
建筑设计院

注 册 师

(签字)

项目负责人

(签字)

××小学
教学综合楼

总平面图

设计号
图 别   建施
图 号   建施-02
设 计
校 核
审 核
审 定
日 期

51

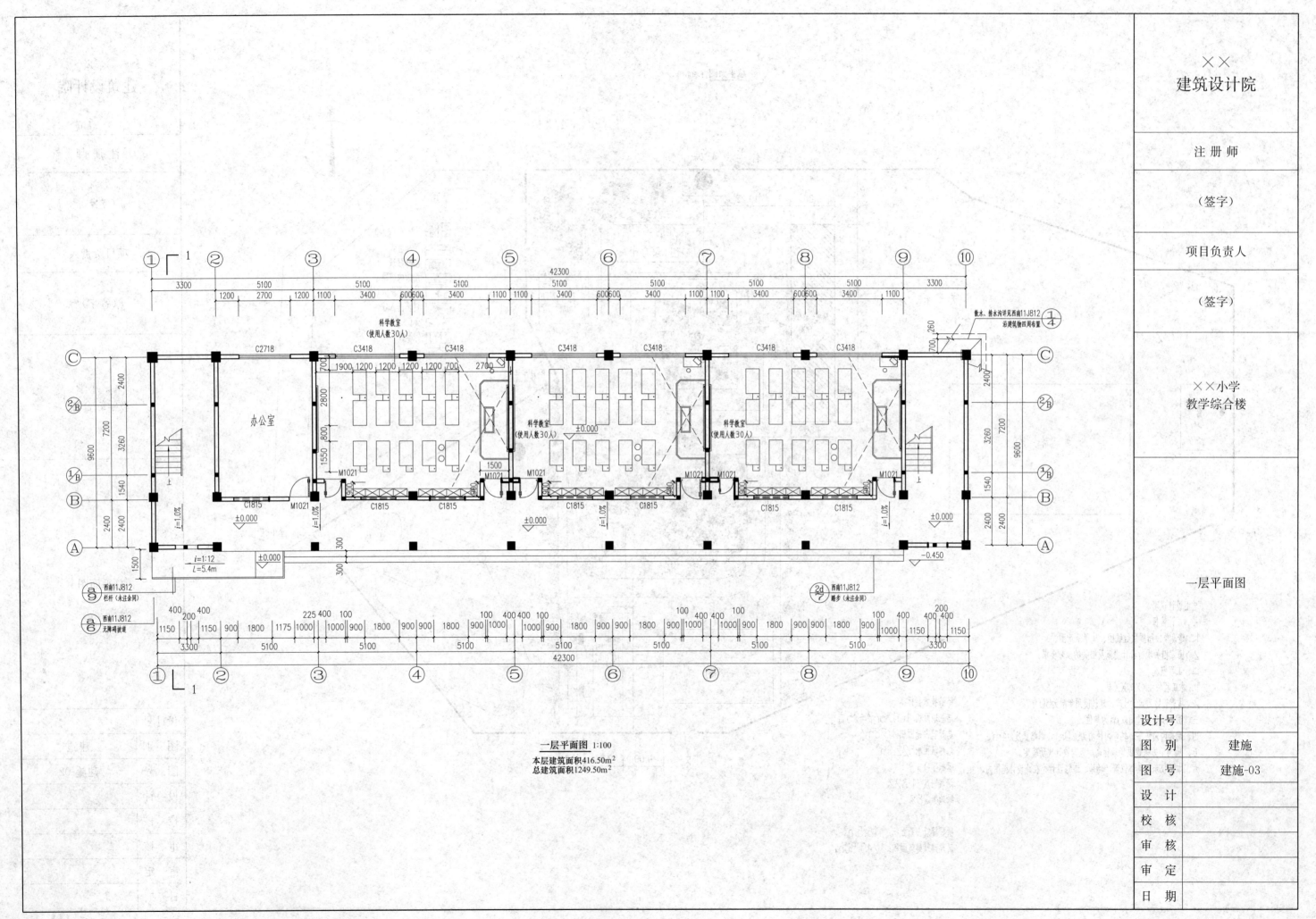

一层平面图 1:100
本层建筑面积416.50m²
总建筑面积1249.50m²

××
建筑设计院

注 册 师

（签字）

项目负责人

（签字）

××小学
教学综合楼

一层平面图

设计号	
图 别	建施
图 号	建施-03
设 计	
校 核	
审 核	
审 定	
日 期	

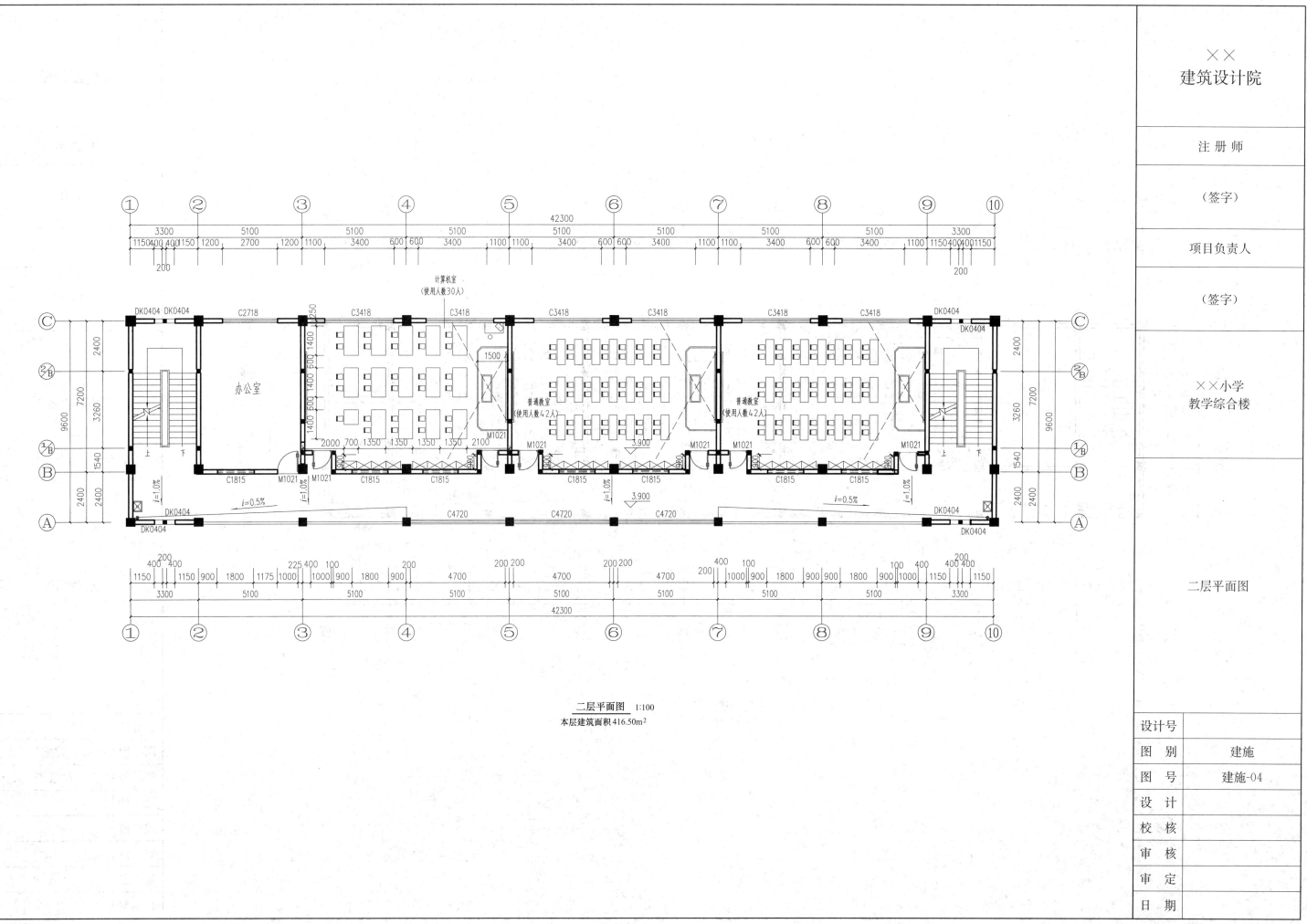

二层平面图 1:100
本层建筑面积416.50m²

××
建筑设计院

注 册 师

（签字）

项目负责人

（签字）

××小学
教学综合楼

二层平面图

设计号	
图　别	建施
图　号	建施-04
设　计	
校　核	
审　核	
审　定	
日　期	

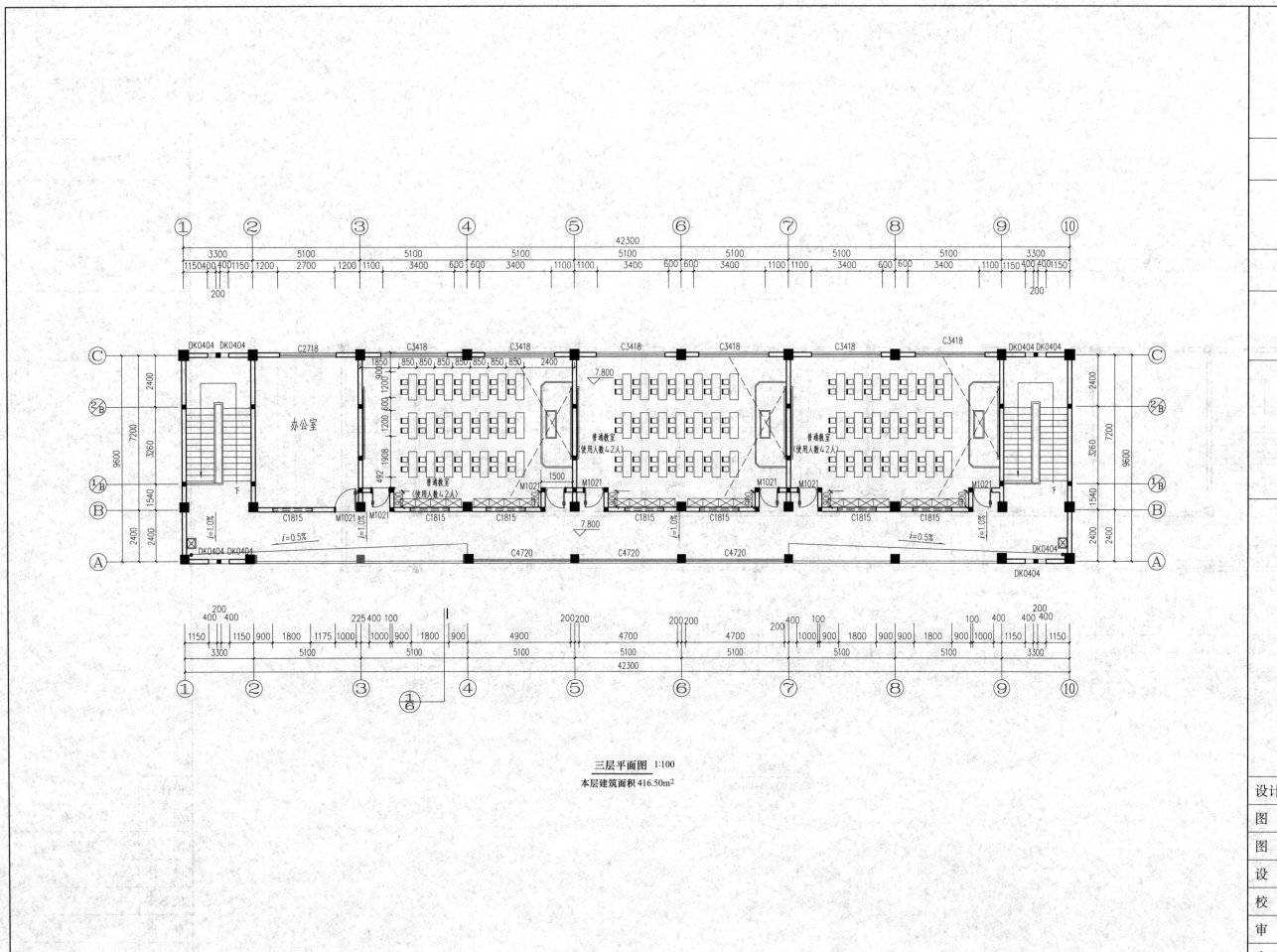

建筑设计院

注 册 师

（签字）

项目负责人

（签字）

××小学
教学综合楼

三层平面图

三层平面图 1:100
本层建筑面积 416.50m²

办公室

普通教室
（使用人数42人）

普通教室
（使用人数42人）

普通教室
（使用人数42人）

设计号	
图 别	建施
图 号	建施-05
设 计	
校 核	
审 核	
审 定	
日 期	

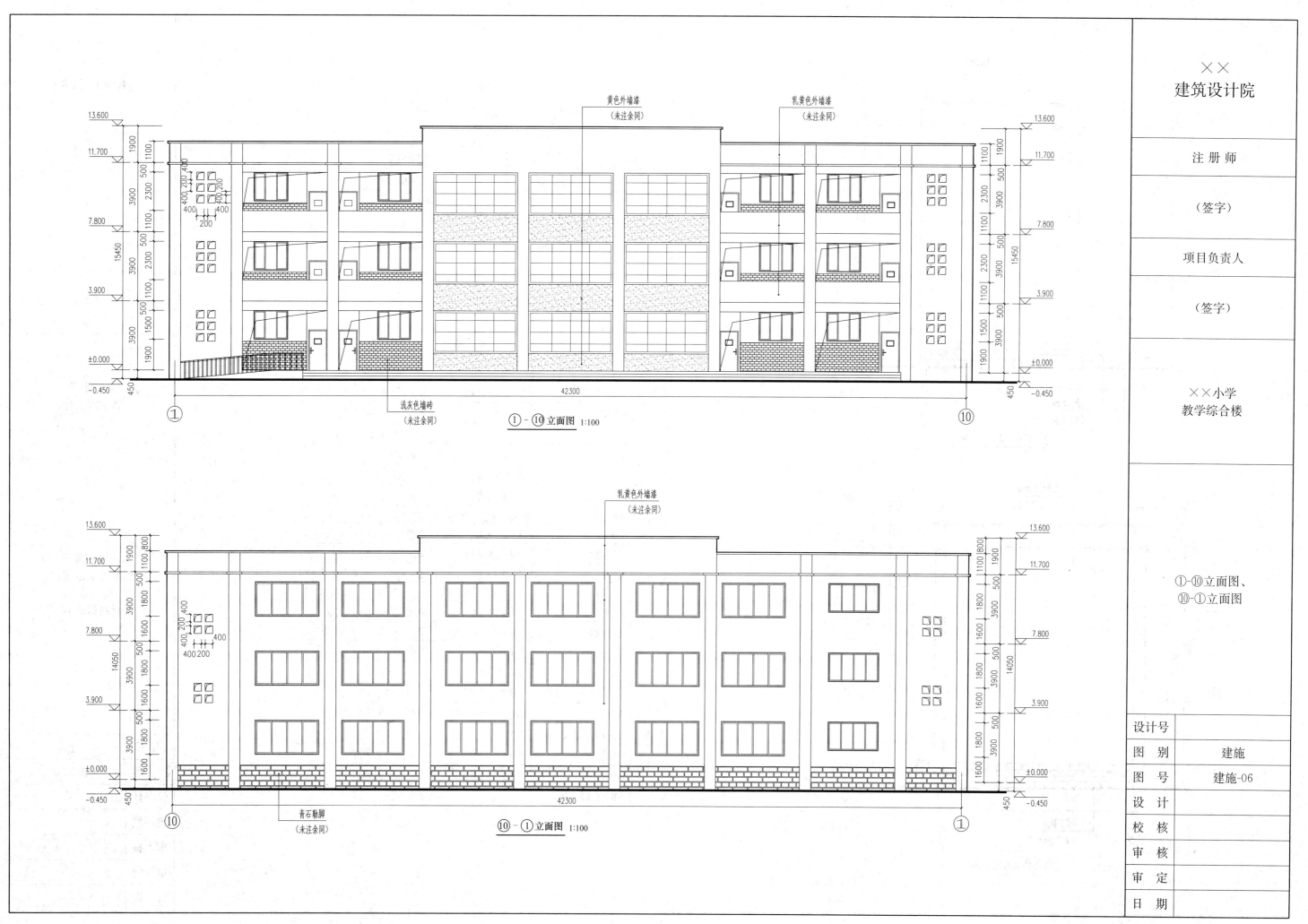

黄色外墙漆
（未注余同）

乳黄色外墙漆
（未注余同）

13.600

11.700

7.800

3.900

±0.000

-0.450

1900
1100
500
3900
2300
1100
500
3900
2300
1100
500
3900
1500
1900

15450

400 200 400
400 400
200

浅灰色墙砖
（未注余同）

42300

450

① ⑩

①－⑩立面图 1:100

乳黄色外墙漆
（未注余同）

13.600

11.700

7.800

3.900

±0.000

-0.450

1900
1100 800
500
3900
1800
1600
500
3900
1800
1600
500
3900
1800
1600

14050

400 200 400
400
400 200

青石勒脚
（未注余同）

42300

450

⑩ ①

⑩－①立面图 1:100

××
建筑设计院

注 册 师

（签字）

项目负责人

（签字）

××小学
教学综合楼

①-⑩立面图、
⑩-①立面图

设计号	
图 别	建施
图 号	建施-06
设 计	
校 核	
审 核	
审 定	
日 期	

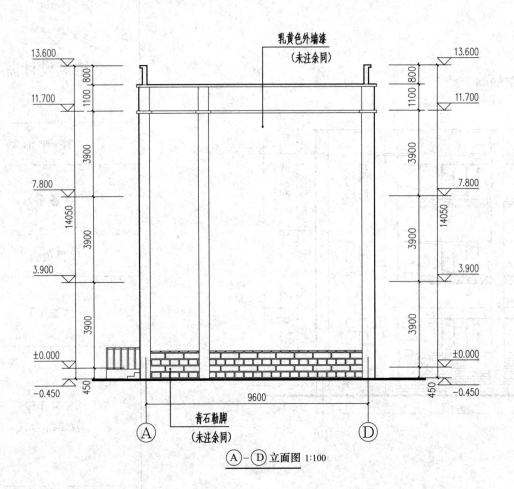

(A)-(D)立面图 1:100

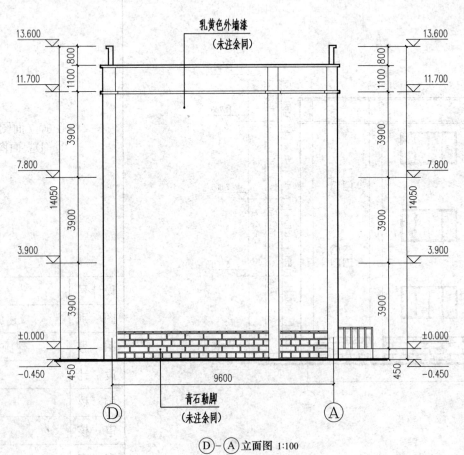

(D)-(A)立面图 1:100

门窗表

类型	设计编号	洞口尺寸(mm)	数量	图集名称	备注
普通门	M1021	1000X2100	21	防盗门	
普通窗	C1815	1800X1500	21	白玻塑钢推拉窗	上至梁底
	C2718	2700X1800	3	白玻塑钢推拉窗	上至梁底
	C3418	3400X1800	18	白玻塑钢推拉窗	上至梁底
	C4720	4700X2000	6	白玻塑钢推拉窗	上至梁底
	DK0404	400X400	52	洞口	

材料做法表

项目	做法名称	适用范围	备注
墙体	加气混凝土砌块	所有外墙及内隔墙	厚度详见说明
外墙面	乳胶漆墙面	详见立面图	西南11J516 91页 5312
	面砖饰面	详见立面图	西南11J516 95页 5409
台阶	混凝土	所有室外台阶	西南11J812 7页 1C
散水	混凝土散水	建筑物室外周边	西南11J812 4页 1
排水沟	砖砌排水沟	建筑物室外周边	西南11J812 3页 2a
地面	地砖地面	除用水地方及未特别标注地面	西南11J312 12页 3121Da-1
	地砖地面	用水地方周围2m范围内	西南11J312 12页 3122Db-2
	防静电地面	计算机室所有地面	西南11J312 49页 3229Da
楼面	地砖楼面	除用水地方及未特别标注楼面	西南11J312 12页 3121L-1
	地砖楼面	用水地方周围2m范围内	西南11J312 12页 3122L-1
	防静电楼面	计算机室所有楼面	西南11J312 49页 3229L
踢脚	地砖踢脚板	除用水地方外所有地面	西南11J312 69页 4107T-a
	地砖踢脚板	用水房间	西南11J312 69页 4108T-a
墙裙	白瓷砖墙裙	走道(1.5m高)	西南11J515 23页 Q06
内墙面	混合砂浆刷乳胶漆墙面	除墙裙外所有墙面	西南11J515 7页 N09
	白瓷砖墙面	内墙面1.5m以下	西南11J515 8页 N10
顶棚	混合砂浆刷乳胶漆顶棚	所有顶棚	西南11J515 32页 P08
油漆	油性调和漆	所有木门	西南11J312 79页 5102
	油性调和漆	楼梯拦杆等金属构件	西南11J312 80页 5113
屋面	柔性防水屋面		西南11J201 22页 2202

	××	建筑设计院	

注 册 师	
(签字)	
项目负责人	
(签字)	

××小学
教学综合楼

(A)-(D)立面图、
(D)-(A)立面图、
门窗表、
材料做法表

设计号	
图 别	建施
图 号	建施-07
设 计	
校 核	
审 核	
审 定	
日 期	

乳黄色外墙漆
（未注余同）

青石勒脚
（未注余同）

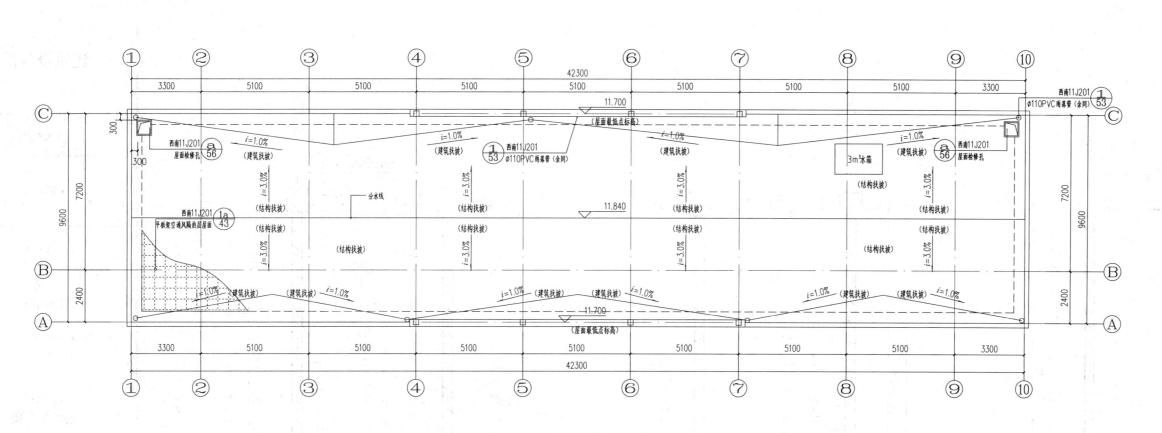

屋顶平面图 1:100

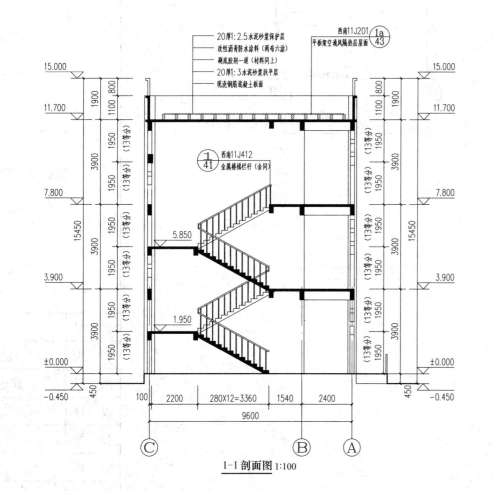

20厚1:2.5水泥砂浆保护层
改性沥青防水涂料(两布六涂)
刷底胶剂一道(材料同上)
20厚1:3水泥砂浆找平层
现浇钢筋混凝土板面

西南11J412 ①/41
金属楼梯栏杆(余同)

平板架空通风隔热层屋面
西南11J201 ①a/43

1-1 剖面图 1:100

××
建筑设计院

注 册 师

(签字)

项目负责人

(签字)

××小学
教学综合楼

屋顶平面图、
1-1 剖面图

设计号	
图 别	建施
图 号	建施-08
设 计	
校 核	
审 核	
审 定	
日 期	

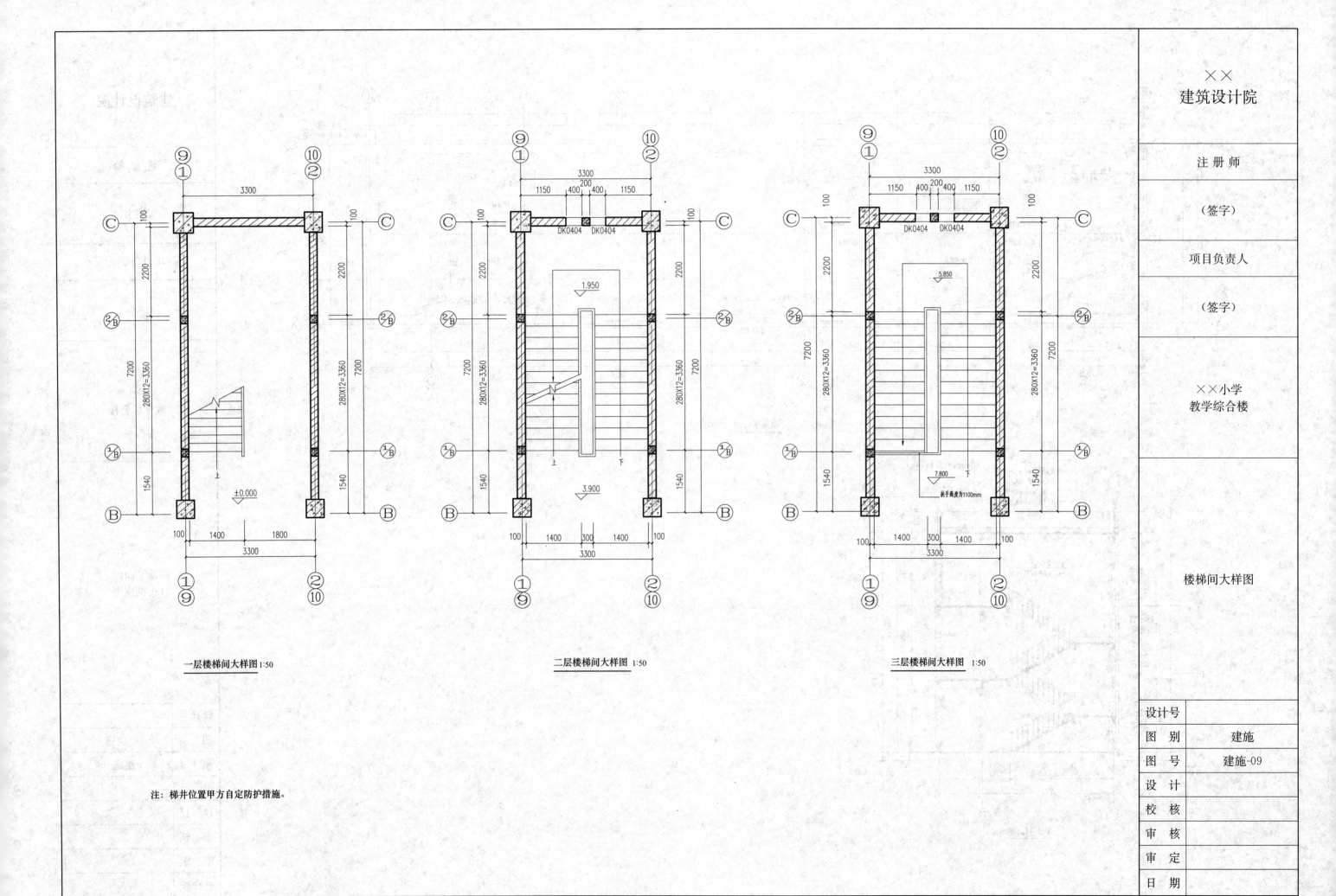

一层楼梯间大样图 1:50

二层楼梯间大样图 1:50

三层楼梯间大样图 1:50

注：梯井位置甲方自定防护措施。

××建筑设计院

注　册　师
（签字）

项目负责人
（签字）

××小学
教学综合楼

楼梯间大样图

设 计 号	
图　别	建施
图　号	建施-09
设　计	
校　核	
审　核	
审　定	
日　期	

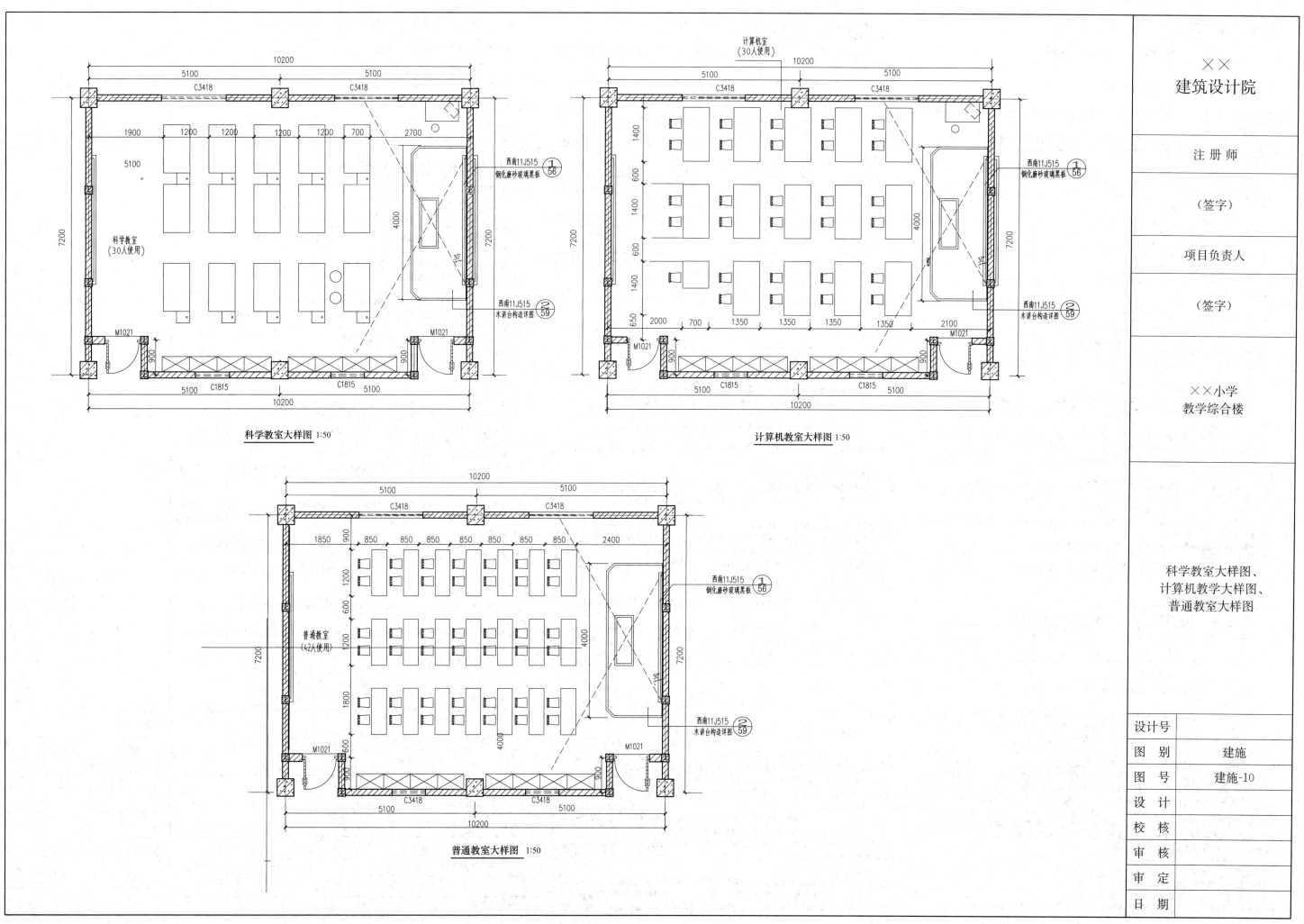

科学教室大样图 1:50

计算机教室大样图 1:50

普通教室大样图 1:50

××
建筑设计院

注册师

（签字）

项目负责人

（签字）

××小学
教学综合楼

科学教室大样图、
计算机教学大样图、
普通教室大样图

设计号		
图　别		建施
图　号		建施-10
设　计		
校　核		
审　核		
审　定		
日　期		

2.3 结构施工图

结构施工图设计说明

一、工程概况

本工程位于××县，为××小学教学综合楼。

表1

结构单元	层数	建筑高度	结构体系	基础形式	地下室
综合楼	地上3层	12.150m	框架结构	柱下独立基础	无

二、设计依据

1. 设计标准、规范、规程

(1)《建筑地基基础设计规范》GB 50007—2011
(2)《建筑结构荷载规范》GB 50009—2012
(3)《建筑抗震设计规范》GB 50011—2010
(4)《建筑地基处理技术规范》JGJ 79—2012
(5)《建筑结构可靠度设计统一标准》GB 50068—2001
(6)《混凝土结构设计规范》GB 50010—2010
(7)《建筑工程抗震设防分类标准》GB 50223—2008
(8)《砌体结构设计规范》GB 50003—2011
(9)《混凝土结构工程施工质量验收规范》GB 50204—2002(2011年版)

2. 选用图集(包括勘误表在内)

(1)《建筑抗震构造详图》11G329-1
(2)《钢筋混凝土过梁》03G322-1
(3)《平法制图规则和构造详图》11G101-1、11G101-3
(4)《混凝土结构施工钢筋排布规则与构造详图》12G901-1
(5)框架结构混凝土多孔砖填充墙构造图集》DB昆 05J01

3. 勘察报告：××地基基础工程有限公司的《××县××小学教学综合楼岩土工程勘察报告》。

三、设计标准及自然条件

1. 建筑结构的安全等级：二级。结构的设计使用年限：50年。建筑耐火等级：二级。

2. 抗震设防烈度为8度(0.2g)，设计地震分组为第三组，本工程砌体施工质量控制等级为B级。

建筑抗震设防类别：重点设防类(乙类)，有关抗震的结构构造措施应按9度抗震等级采用标准图集，本工程框架抗震等级为一级。

地基基础设计等级：丙级，应按《建筑变形测量规程》JGJ 8—2007 要求在施工及使用期间进行变形测测。

3. 本工程混凝土结构的环境类别：室内正常环境为一类，室内潮湿、露天及与水土直接接触部分为二 a 类。

4. 基本风压为 0.40kN/m²，地面粗糙度为B类。

5. 场地地震效应：根据本工程《岩土工程勘察报告》，建筑场地类别为 II 类，特征周期按《建筑抗震设计规范》取 0.45s。

6. 场地地基条件：详见本工程《岩土工程勘察报告》。

四、设计计算程序

主要计算软件：中国建筑科学研究院 PKPM 系列 PMCAD、STAWE、JCCAD、LTCAD 辅助设计等软件(2012.06 版本)。

五、设计使用活荷载标准值

各功能用房的设计活荷载标准值如表2所示：

各功能用房活荷载标准值（kN/m²）   表2

部位	不上人屋面	走道	楼梯	普通楼面
荷载	0.5	3.5	3.5	2.5

施工或检修集中荷载(人和小工具的自重)：1.0kN；

楼梯、看台、阳台和上人屋面等的栏杆顶部水平荷载：1.50kN/m。

六、地基基础

1. 本工程采用柱下独立基础及墙下条形基础，地基承载力特征值按 $f_{ak}=250kPa$ 进行设计，开挖深度为自然地坪下 1.5m，以 2 层粉砂为持力层。相应地基处理及基槽开挖后，应在相应地勘人员复核并满足基础设计要求后，方可进行后续施工。

2. 开挖基槽前，施工单位必须查阅场地周围地下市政管网资料和相邻建(构)筑物的距离，根据勘察报告提供的参数进行支护或放坡，基坑支护应按云建(2004) 909 号文件执行。

3. 本工程应按相关规范设置沉降观测点，施工期间每施工完一层进行一次沉降观测，主体封顶后，第一年每季度一次，第二年每半年一次，直至沉降稳定为止。若发现沉降有异常时，应及时通知设计单位。建筑物沉降观测的具体要求详见《建筑变形测量规程》JGJ 8—2007 中的有关规定。沉降观测应由具有相应资质的单位承担。

4. 基地处理施工时按与地勘、设计联系后，基底标高根据实际情况方可作适当调整。

5. 材料：钢筋：HRB400(Φ)；混凝土：垫层 C15，独立柱基 C30，墙下条基 C15 毛石混凝土。基础部分混凝土保护层：40mm。

七、结构主要材料

1. 混凝土强度等级：(1) 柱、梁及板：详见层高表；(2) 楼梯：C30；(3) 过梁、圈梁、构造柱以及未注明的构件：C25。

2. 砖及砂浆(用于后砌隔墙，具体位置详见建施图)

混凝土多孔砖 Mu≥5.0；混合砂浆 M5.0；其中外墙、分户墙(不含抹灰)为 190mm 厚；

混凝土多孔砖砌体 200mm 厚，自重不大于 2.9kN/m²(含抹灰)。

3. 钢筋及钢材：HRB400级(Φ)，HRB335级(Φ)，HPB300(Φ)。

普通钢筋的抗拉强度实测值与屈服强度的实测值的比值不应小于 1.25；且钢筋的屈服强度实测值与强度标准值的比值不大于 1.3；且钢筋的最大拉力下的总伸长率实测值不小于9%。

焊条：结构钢焊条性能应符合《钢筋焊接及验收规程》JGJ 18—2012 中有关要求。

八、钢筋混凝土构件统一构造要求

1. 本工程制图及构造采用图集《混凝土结构施工图平面整体表示方法制图规则和构造详图》11G101-1 的规定，抗震构造措施详见《建筑物抗震设计图集》11G329-1。

2. 结构混凝土环境类别及耐久性的基本要求(或参照 GB/T 50476—2008 规范执行)混凝土耐久性应满足表3的要求，柱、基础、水池为二 a 类，其余为一类，纵向受力钢筋的混凝土保护层厚度详见表4。

混凝土耐久性基本要求   表3

环境类别	最大水胶比	最低混凝土强度等级	最大氯离子含量(%)	最大碱含量(kg/m³)
一类	0.60	C20	0.3	不限制
二 a 类	0.55	C25	0.2	3.0

注：1. 本表仅用于设计使用年限为50年的结构用混凝土，其耐久性的基本要求见表3(尚不含预应力混凝土和素混凝土结构)；

2. 氯离子含量系指其占胶凝材料总量的百分比；

3. 当使用非碱活性活性骨料时，对混凝土中的碱含量可不作限制。

钢筋的混凝土保护层的最小厚度（mm）   表4

环境类别	板、墙、壳	梁、柱、杆
一类	15	20
二 a 类	20	25

注：1. 混凝土强度等级不大于 C25 时，表中保护层厚度应增加 5mm；

2. 钢筋混凝土基础宜设置混凝土垫层，基础中钢筋的混凝土保护层厚度应从垫层顶面算起，且不应小于 40mm；

3. 构件中受力钢筋的保护层厚度不应小于钢筋的公称直径 d。

特别注意：本表保护层厚度以最外层钢筋(包括箍筋、构造钢筋、分布筋等)的外缘计算。

3. 纵向钢筋的锚固长度、搭接长度

底层框架柱纵筋锚至基底，并做 220mm 直角钩。基础中箍筋间距≤300mm。

(1) 纵向钢筋的锚固长度 L_{aE} 搭接长度 L_{lE} 按图集 11G101-1/P53、P55 相关规定执行。

(2) 钢筋的连接应按 11G101-1、12G901-1 中的相关规定进行。

(3) 钢筋的焊接及机械连接必须按施工验收规范进行检测，以确保连接强度质量，钢筋直径≥22mm 时采用机械连接并应保证连接质量。

4. 现浇钢筋混凝土板（除具体施工图中有特别规定者外）

(1) 板的钢筋构造详见图集 11G101-1 第 92~106 页相关构造。

(2) 双向板的板底短跨钢筋置于下排，板面短跨钢筋置于上排。

(3) 当板底与梁平时，板的下部钢筋伸入梁内弯折后置于梁的下部纵向钢筋之上，做法见 11G101-1。

(4) 板跨度大于或等于 4m 时，跨中按 L/300 起拱，其中 L 为净跨(挑台净长度)。

(5) 板上孔洞应预留，留洞钢筋构造见图集 11G101-1 第 101、102 页相关规定。

(6) 凡在板上砌隔墙时，应在墙下板内底部增设加强筋(图纸中另有要求者除外)。

当板跨 L≤1500mm 时，2Φ12；当板跨 1500mm<L<2500mm 时，3Φ12；当板跨 L≥2500mm 时，3Φ14，并锚于两端支座内。

(7) 混凝土逐层封堵，板内负筋锚入梁内及混凝土墙内长度不少于 L_{aE}。

(8) 板内埋设管线时，管线放在板底钢筋之上，板上部钢筋之下，且管线的混凝土保护层不小于 30mm。

(9) 板、梁上下应注意预留插柱插筋或联结用的预埋件。

(10) 对于外露的现浇钢筋混凝土女儿墙、挑板、栏板、檐口等构件，当其水平直线长度超过 12m 时应设置伸缩缝，伸缩缝间距不大于 12m。

(11) 板中预埋管线无板面时应双向加设Φ6@200 网片筋。

(12) 除通风道外，管道竖井中的各层楼板的钢筋应正常设置，待管线施工完毕后再补浇混凝土(掺加适宜膨胀剂)，板厚 110mm，设Φ8@200 双向双层配筋，封闭楼层与现浇板所留洞口应各专业要求。

特别说明：板厚除注明者外均为 110mm，板上部分布筋为Φ6@250，当受力筋直径大于Φ10 时且间距小于 120mm 时，板上部分布筋为Φ8@250。

该工程上部结构所有屋面及外露平台板，上部负筋未拉通部分均设Φ6@200 防裂钢筋，与两边负筋绑扎搭接设置。

5. 楼面主、次梁构造措施

(1) 楼面非框架梁配筋构造详见图集 11G101-1 第 86~88 页相关大样施工。

(2) 在主梁内的次梁作用处，箍筋贯通布置，凡未在次梁位置另注明箍筋者，均在次梁两侧各设 3 组箍筋，箍筋肢数、直径同主梁箍筋，间距 500mm。次梁吊在梁配筋

图中表示。井字梁交点处应互设附加箍筋，参考主次梁附加箍筋构造施工。

(3) 施工时应注意次梁的位置，应将次梁筋置于主梁筋之上；当主次梁同高时，次梁的下部纵向钢筋应置于主梁下部纵向钢筋之上。

(4) 凡水平穿梁洞口，均应预埋钢套管，并设梁孔加强钢筋(做法另详)；洞的位置应在梁中部的 2/3 范围内，梁高中部的 1/3 范围内。

(5) 井字梁双向梁高相同时，短跨梁跨中主筋在下，支座主筋在上。

(6) 梁跨度大于或等于 4m 时，跨中按 L/300 起拱，悬臂端一律上翘 L/50(其中 L 为净跨)。

(7) 除图中注明之外，凡梁腹板高度大于 450mm 的梁边应在梁中部两侧附加 2Φ12 腰筋，腰筋的拉筋直径同该跨梁箍筋，间距为该跨梁箍筋的 2 倍，具体构造详见 11G101-1，P87。

(8) 相邻跨梁筋直径相同时要求全长通长设置。

九、后砌填充墙与构件的构造措施

1. 填充墙的材料、平面位置详见建施图，不得随意更改。

2. 填充墙与混凝土柱连接处应设拉结筋拉结。

(1) 混凝土多孔砖墙体按 9 度抗震构造措施进行施工。

① 要求沿墙高每 500mm 配置 2Φ6 墙拉筋，全墙拉通并锚入柱内；

② 具体做法详见《框架结构混凝土多孔砖填充墙构造图集》DB昆 05J01 及相关厂家产品说明书；

③ 楼梯间及疏散通道两侧填充墙要求采用钢丝网砂浆面层双面加强(设Φ4 间距不大于 100mm)；砂浆面层为 M7.5 水泥砂浆。

(2) 其他普通分隔墙体按 9 度抗震构造措施进行施工。要求沿墙高每 500mm 配置 2Φ6 拉筋全墙拉通并锚入柱内 210mm；砌体施工质量控制等级为 B 级。

3. 后砌填充墙中构造柱平面位置详见建施图，后砌墙中构造应在主体完成后施工，必须先砌墙后施工柱。

4. 除图中注明外，其余按下列条件设置圈梁：

240mm 厚墙高大于 4.0m，190mm 厚墙高大于 3.6m，120mm 厚墙高大于 2m 的中部或门窗洞顶位置，圈梁断面为墙厚×120，配筋 2Φ14，Φ6@200(兼做过梁时另详见具体设计)。

十、其他

1. 本工程图示尺寸以毫米(mm)为单位，标高以米(m)为单位。

2. 施工时应严格遵守有关施工验收规范，确保工程质量。

3. 钢筋混凝土构件施工时应配合各专业施工图进行施工，如：楼梯栏杆、钢窗、吊项、门窗、落水管的孔洞、排气道等均应按图纸要求设置预埋件或预留洞；电气管线的预埋、防雷及接地装置的设置；给排水和设备图中的预埋管及预留洞。

4. 结构设计分析中未考虑冬、夏季或雨期施工措施；也未考虑特殊施工荷载，施工单位在施工时，保养期间做好结构构件维护保养工作，对临时的特殊施工荷载应作支撑及复核计算。

5. 结构施工图应与相关建筑、设备施工图同时出图，如有矛盾应及时提交设计单位复核。其他专业图纸要求的预留预埋须按预留预埋，严禁混凝土完后打凿，否则须报设计单位同意后方可进行。

6. 在工程的分部和分项施工前须认真核对各专业图纸，如有矛盾应向设计报告。

7. 梁板施工时应采取措施保证钢筋位置和保护层厚度。

8. 施工期间不得超负荷堆放建材和施工垃圾，特别注意梁板上集中负荷对结构受力和变形的不利影响。

9. 在结构安装过程中，应采取有效措施保证结构的稳定性，确保施工安全。

10. 钢筋混凝土悬挑构件的施工模架须待混凝土达到龄期强度后方可拆除；且施工过程中严禁在悬挑部堆放。

11. 柱纵筋连接应采用电渣压力焊或机械连接，施工时须保证钢筋的垂直度和焊接质量符合验收规范要求。

十一、使用注意事项

1. 未经技术鉴定或设计许可，不得改变使用环境及原设计的使用功能。

2. 不得擅自改变装修，并不得超出本图所提供活荷载标准值。

3. 对外露的结构构件及非结构构件定期检查并做必要的维护。

4. 在使用期间，对建筑物和管道经常进行维护和检修，并应确保有防水措施发挥有效作用，防止建筑物和管道的水浸及室内水墙湿。

5. 门窗施工完毕后应经常开启，保证室内空气的流通。

十二、其余未说明处按现行有关规范、规程施工。

层高表

混凝土强度等级(柱、梁、楼板)	层数	结构标高(m)	层高(m)
框架柱 C30 梁、板 C30	一层	基顶~3.900	3.9
框架柱 C30 梁、板 C30	二层	3.900~7.800	3.9
框架柱 C30 梁、板 C30	三层	7.800~11.700	3.9

××建筑设计院

注册师

(签字)

(签字)

项目负责人

××小学
教学综合楼

结构施工图设计
说明、层高表

设计号	
图 别	结施
图 号	结施-01
设 计	
校 核	
审 核	
审 定	
日 期	

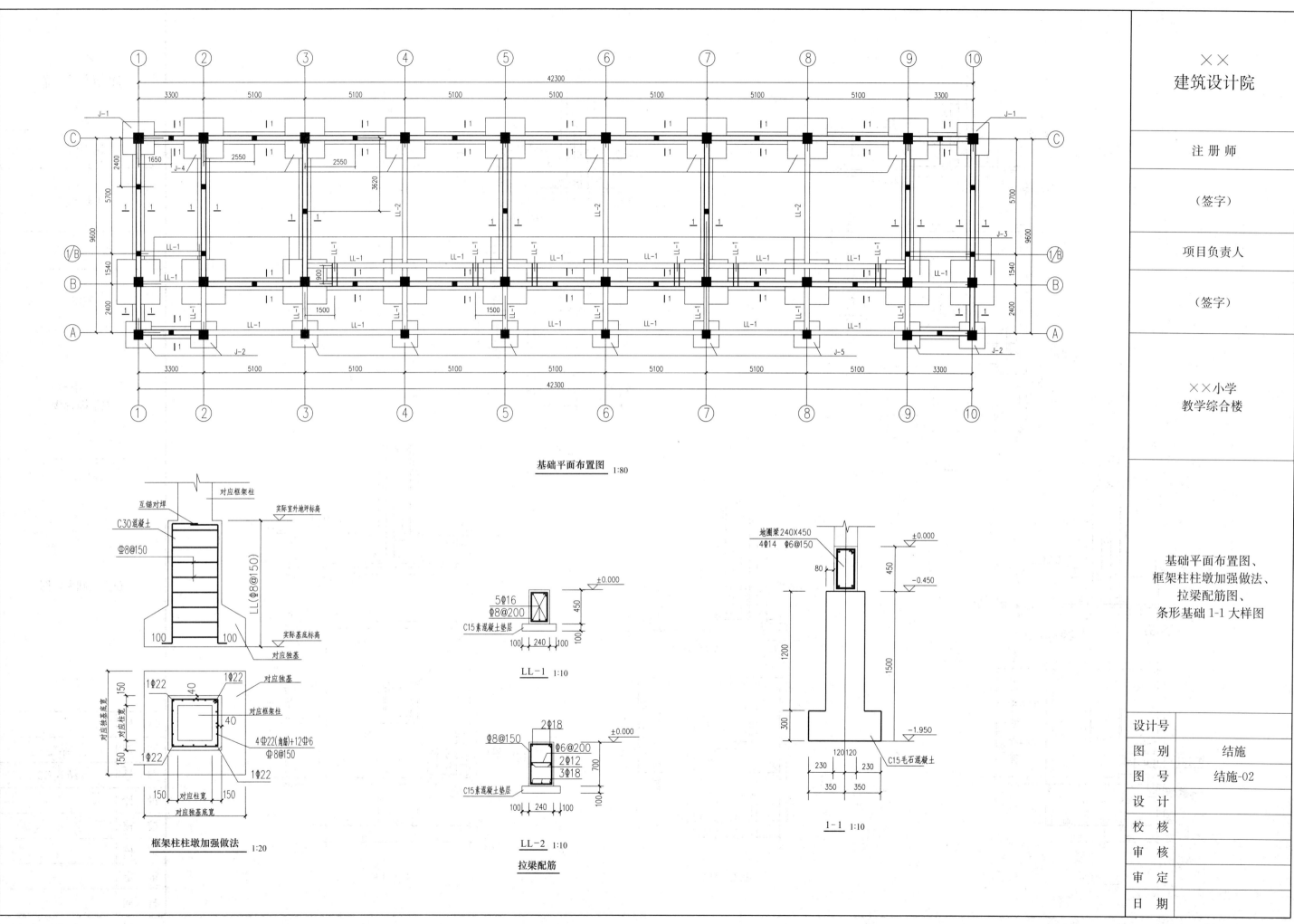

基础平面布置图 1:80

框架柱柱墩加强做法 1:20

LL-1 1:10

LL-2 1:10
拉梁配筋

1-1 1:10

××
建筑设计院

注 册 师

（签字）

项目负责人

（签字）

××小学
教学综合楼

基础平面布置图、
框架柱柱墩加强做法、
拉梁配筋图、
条形基础 1-1 大样图

设计号	
图 别	结施
图 号	结施-02
设 计	
校 核	
审 核	
审 定	
日 期	

61

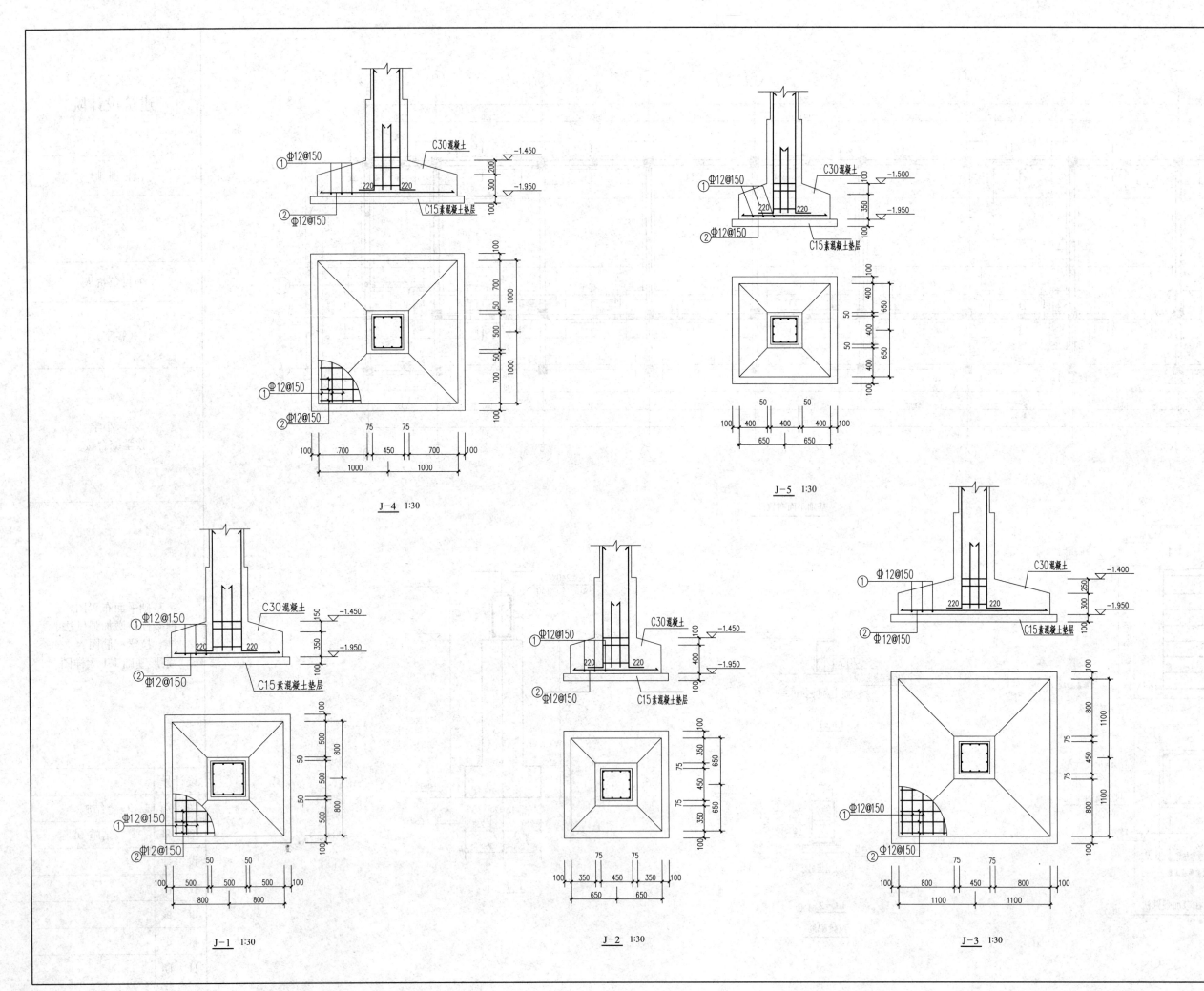

J-4 1:30

J-5 1:30

J-1 1:30

J-2 1:30

J-3 1:30

××
建筑设计院

注 册 师	
（签字）	
项目负责人	
（签字）	

××小学
教学综合楼

独立基础大样图

设计号	
图　别	结施
图　号	结施-03
设　计	
校　核	
审　核	
审　定	
日　期	

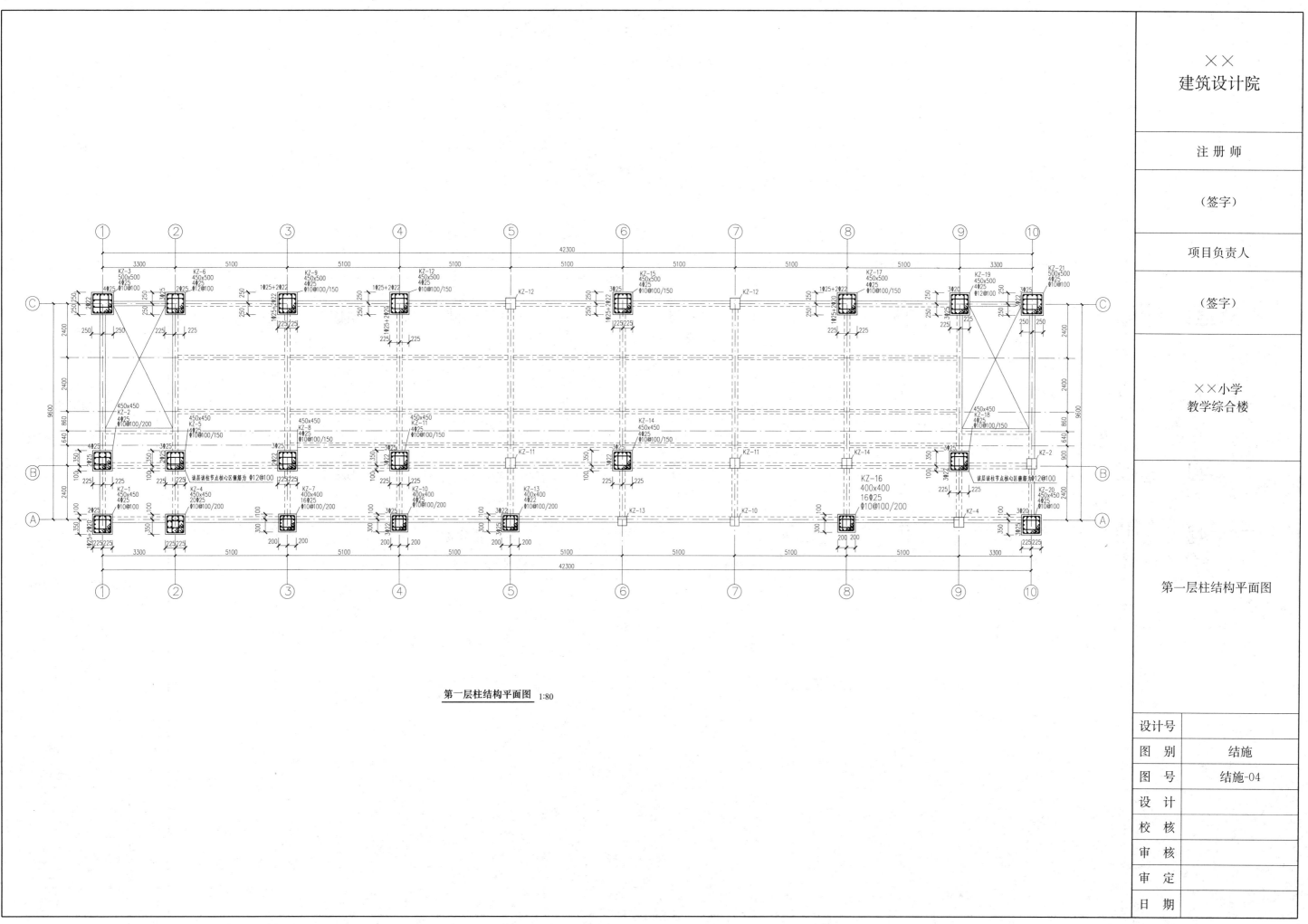

第一层柱结构平面图 1:80

××
建筑设计院

注 册 师

（签字）

项目负责人

（签字）

××小学
教学综合楼

第一层柱结构平面图

设计号	
图 别	结施
图 号	结施-04
设 计	
校 核	
审 核	
审 定	
日 期	

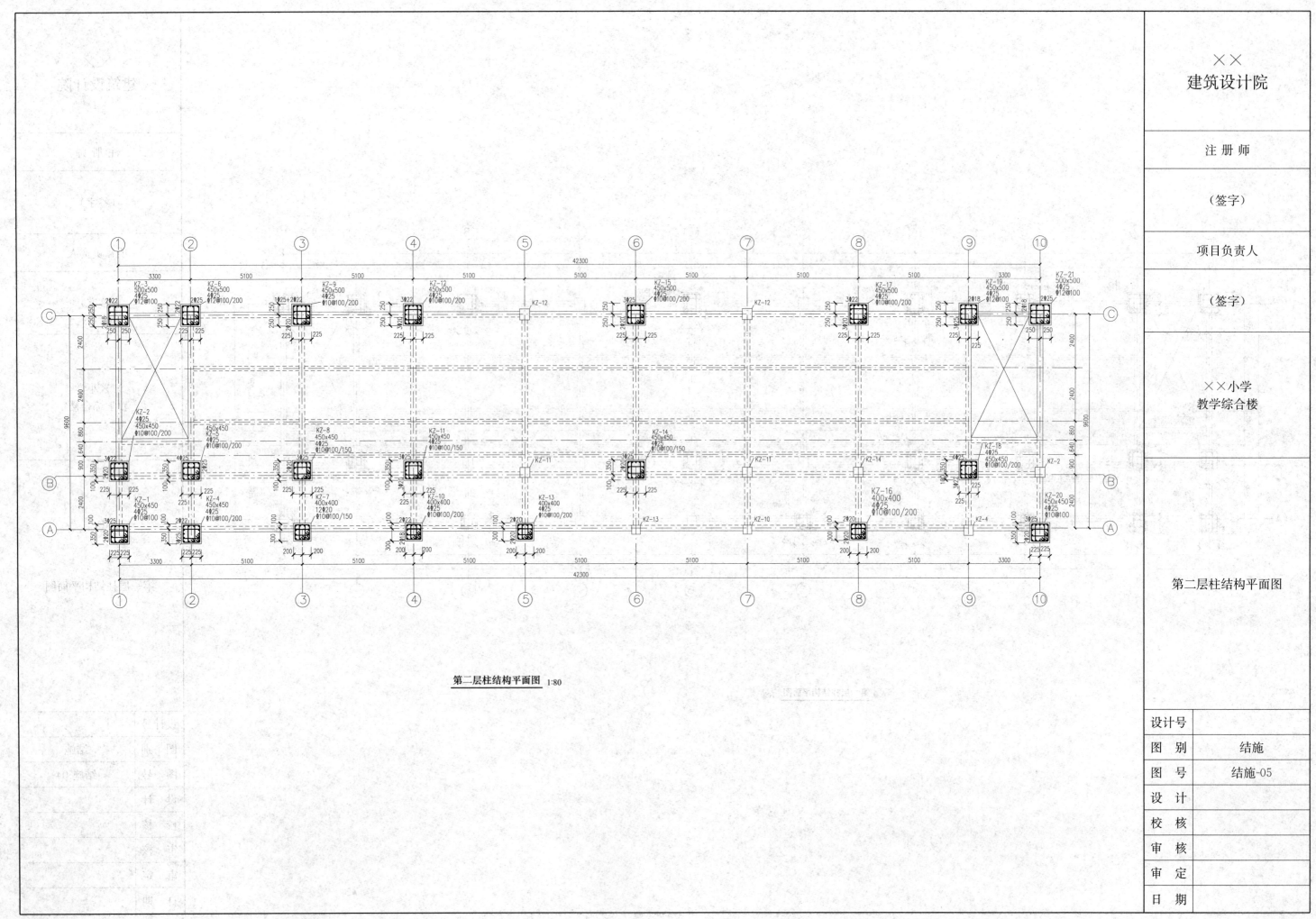

第二层柱结构平面图 1:80

××
建筑设计院

注 册 师

（签字）

项目负责人

（签字）

××小学
教学综合楼

第二层柱结构平面图

设计号	
图 别	结施
图 号	结施-05
设 计	
校 核	
审 核	
审 定	
日 期	

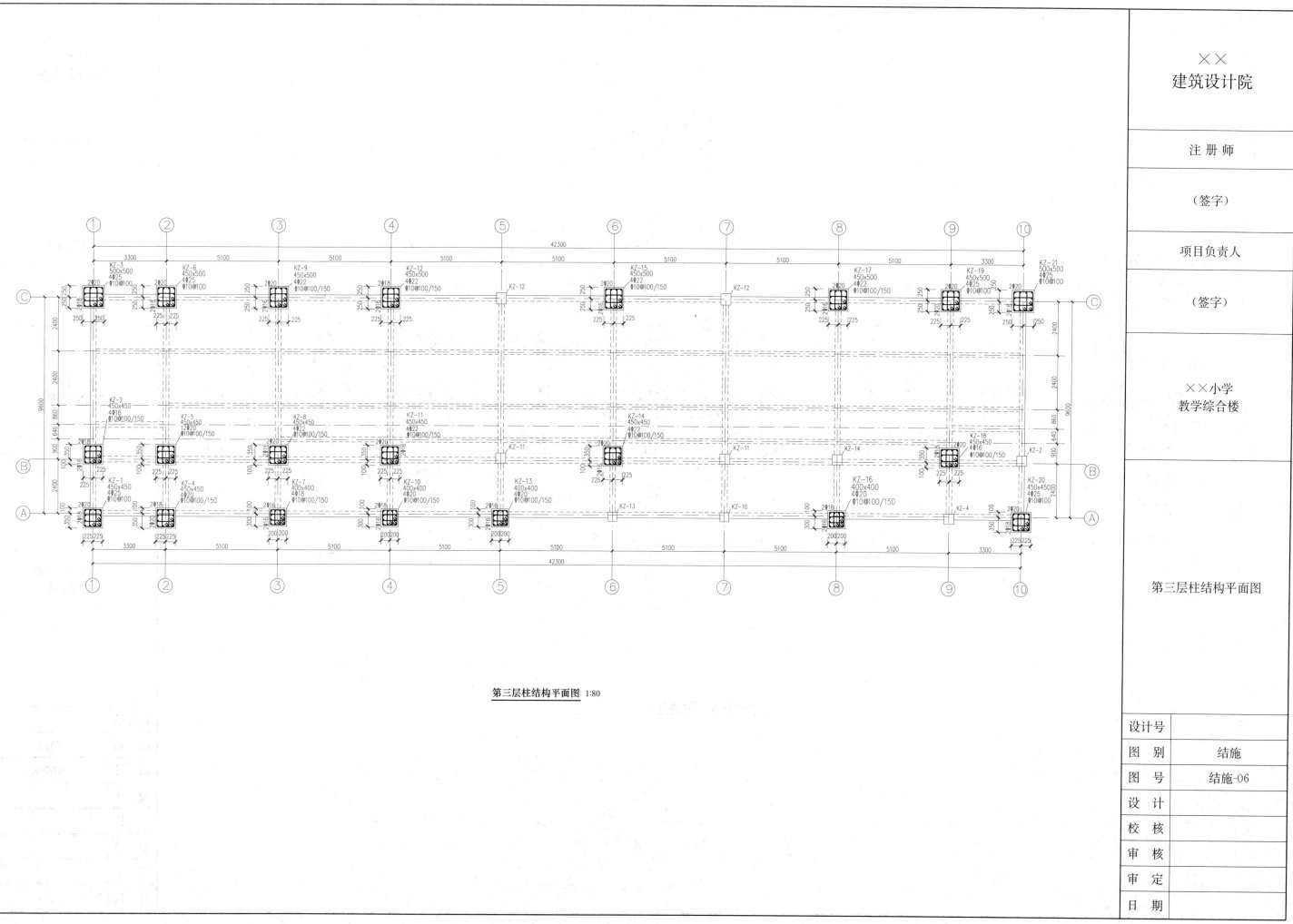

××
建筑设计院

注 册 师

（签字）

项目负责人

（签字）

××小学
教学综合楼

第三层柱结构平面图

第三层柱结构平面图 1:80

设计号	
图 别	结施
图 号	结施-06
设 计	
校 核	
审 核	
审 定	
日 期	

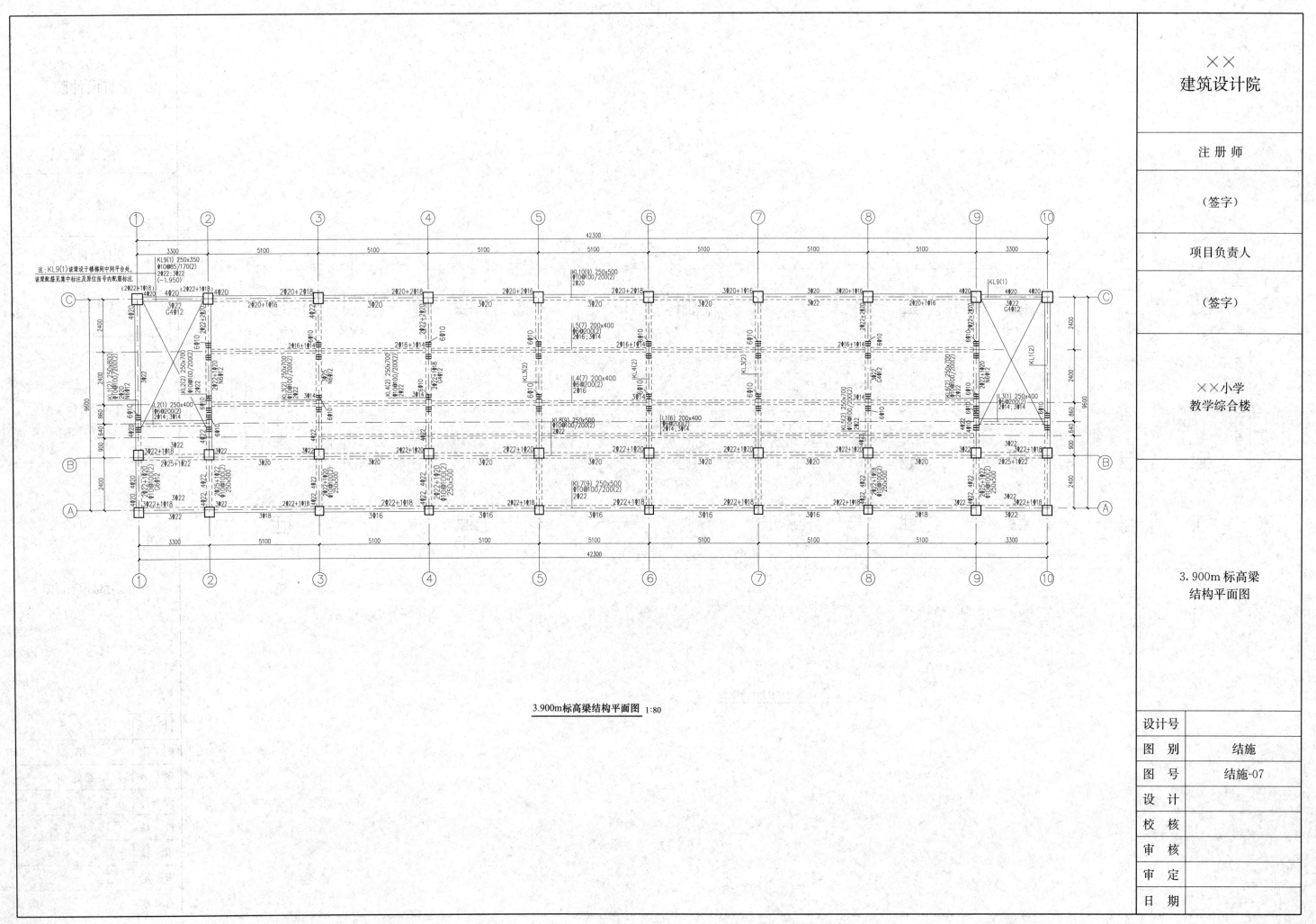

3.900m标高梁结构平面图 1:80

××
建筑设计院

注 册 师

（签字）

项目负责人

（签字）

××小学
教学综合楼

3.900m 标高梁
结构平面图

设计号	
图 别	结施
图 号	结施-07
设 计	
校 核	
审 核	
审 定	
日 期	

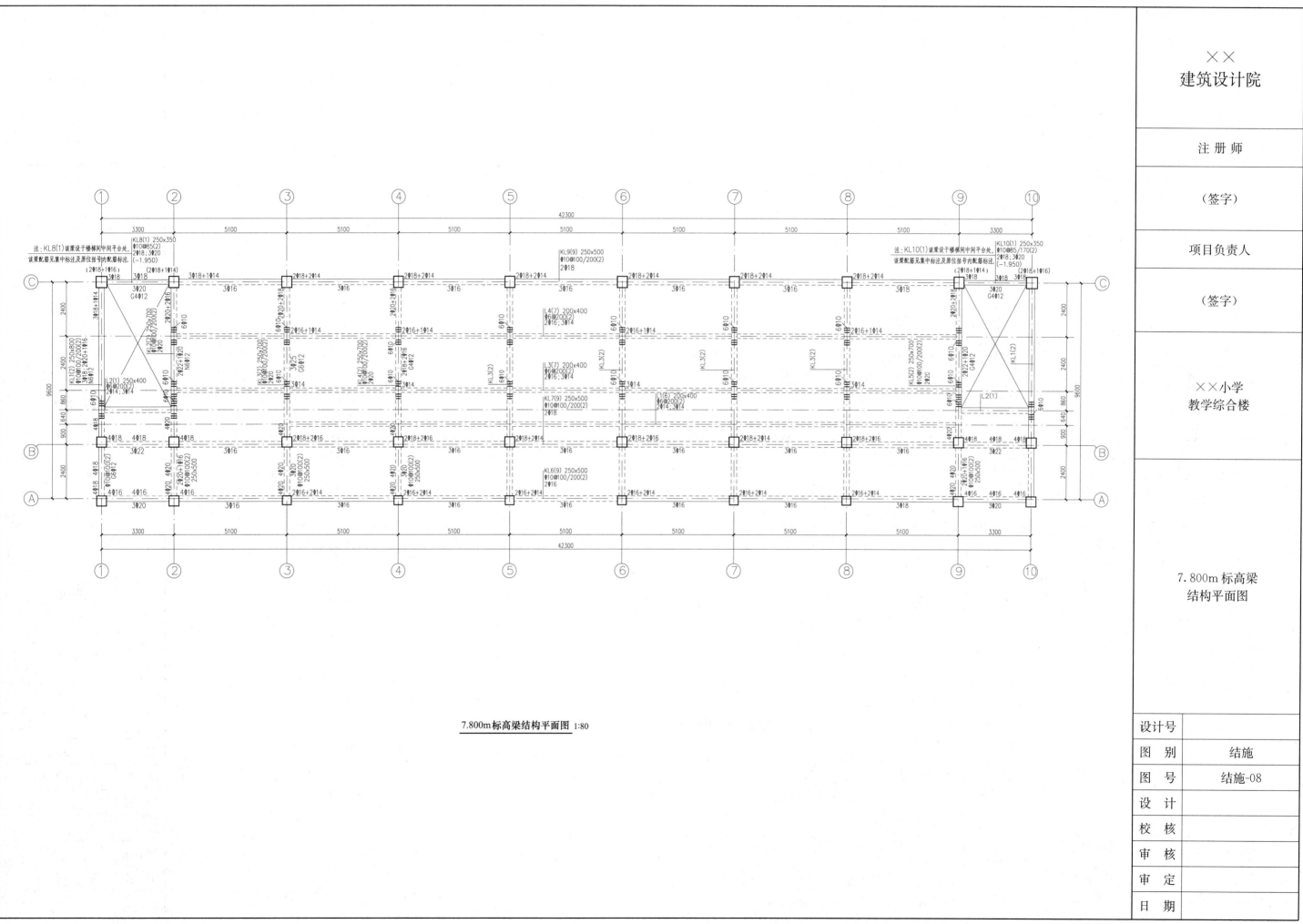

7.800m标高梁结构平面图 1:80

建筑设计院

注 册 师

（签字）

项目负责人

（签字）

××小学
教学综合楼

7.800m 标高梁
结构平面图

设计号	
图　别	结施
图　号	结施-08
设　计	
校　核	
审　核	
审　定	
日　期	

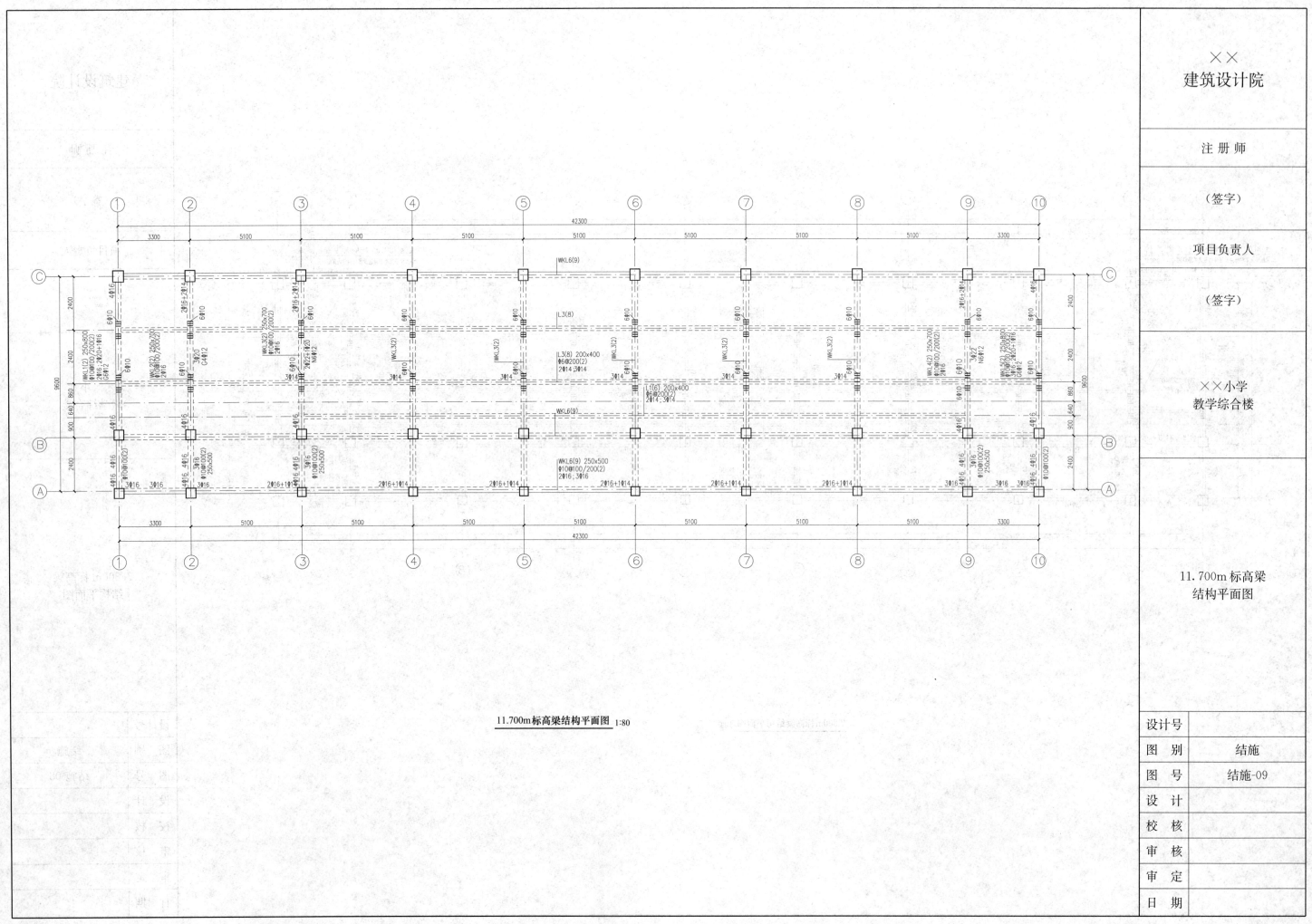

11.700m标高梁结构平面图 1:80

注　册　师

（签字）

项目负责人

（签字）

××小学
教学综合楼

11.700m 标高梁
结构平面图

设计号	
图　别	结施
图　号	结施-09
设　计	
校　核	
审　核	
审　定	
日　期	

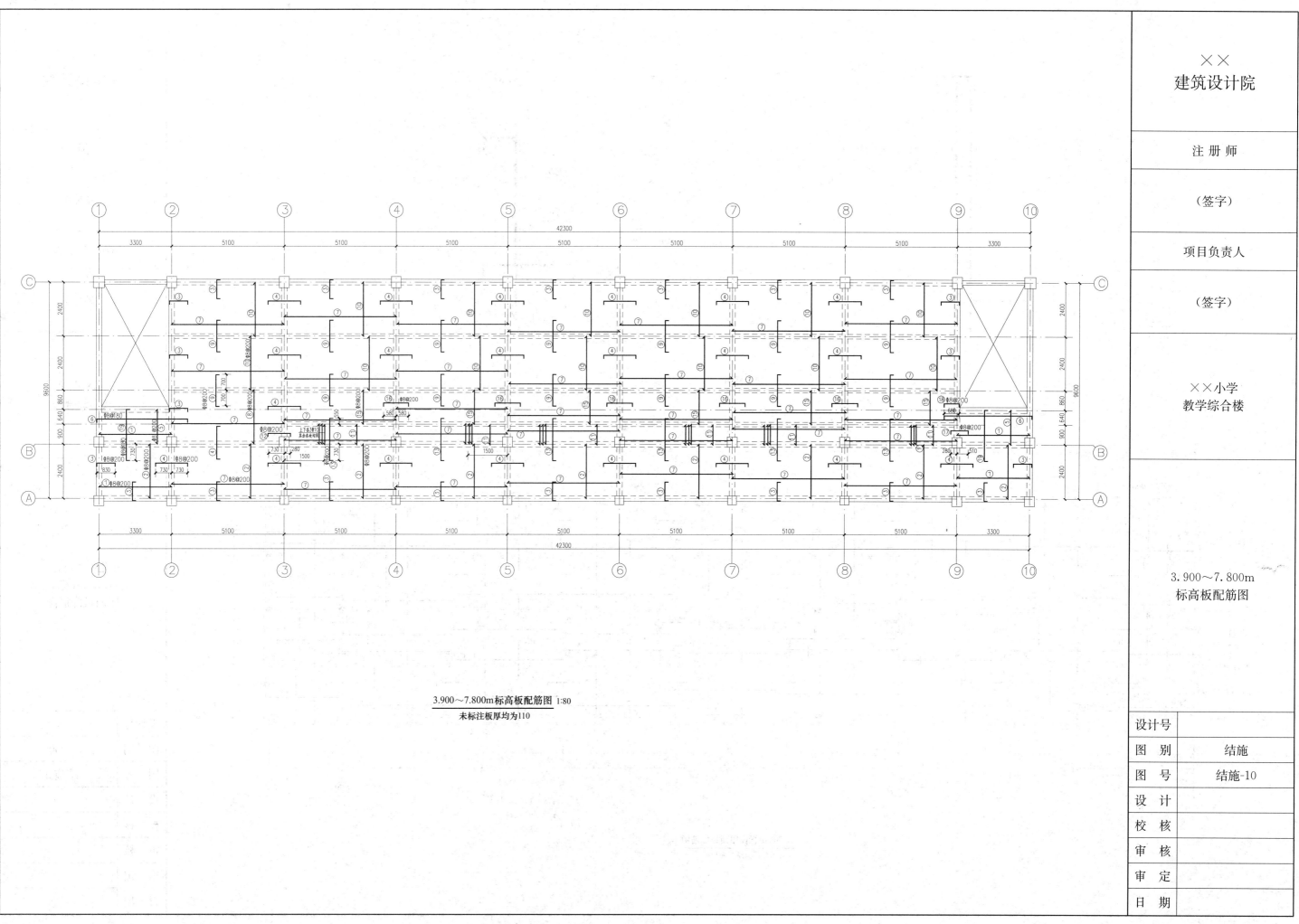

3.900～7.800m标高板配筋图 1:80
未标注板厚均为110

建筑设计院

注 册 师

（签字）

项目负责人

（签字）

××小学
教学综合楼

3.900～7.800m
标高板配筋图

设计号	
图　别	结施
图　号	结施-10
设　计	
校　核	
审　核	
审　定	
日　期	

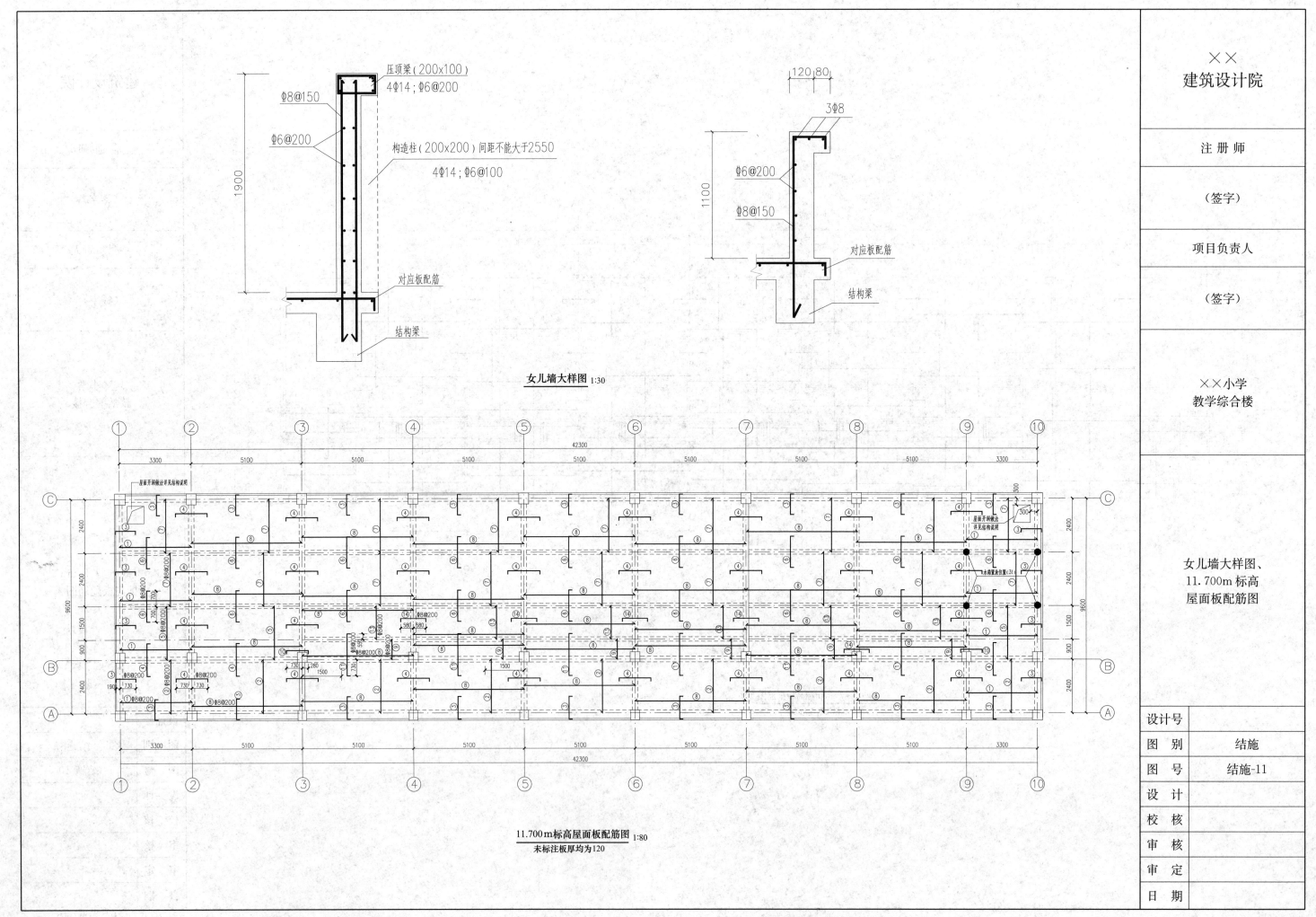

压顶梁（200x100）
4φ14；φ6@200

φ8@150

φ6@200

构造柱（200x200）间距不能大于2550
4φ14；φ6@100

1900

对应板配筋

结构梁

3φ8

120 80

φ6@200

φ8@150

1100

对应板配筋

结构梁

女儿墙大样图 1:30

11.700m标高屋面板配筋图 1:80
未标注板厚均为120

42300

3300 5100 5100 5100 5100 5100 5100 5100 3300

××
建筑设计院

注 册 师

（签字）

项目负责人

（签字）

××小学
教学综合楼

女儿墙大样图、
11.700m 标高
屋面板配筋图

设计号

图 别　结施

图 号　结施-11

设 计

校 核

审 核

审 定

日 期

70

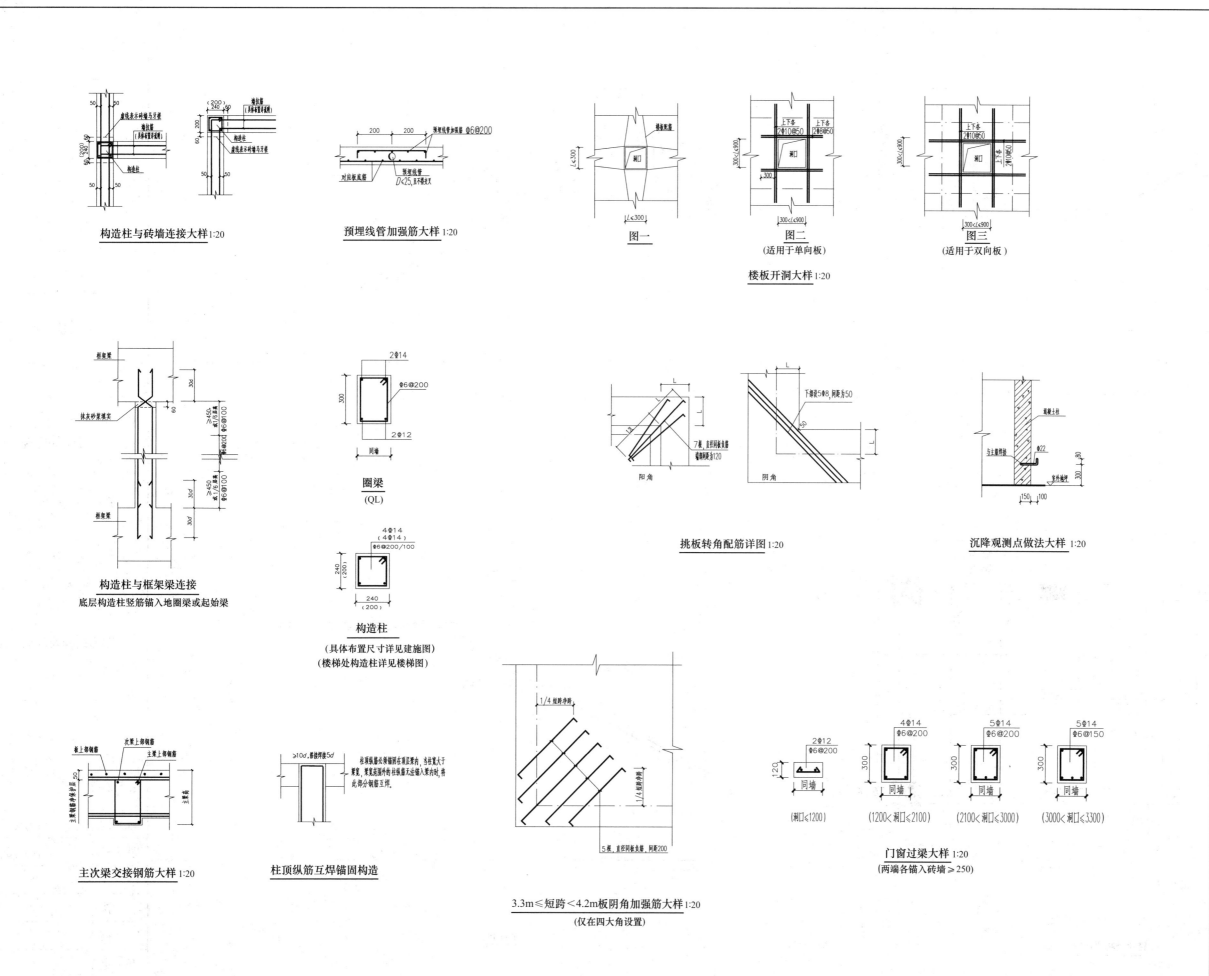

构造柱与砖墙连接大样 1:20

预埋线管加强筋大样 1:20

图一

图二
(适用于单向板)

图三
(适用于双向板)

楼板开洞大样 1:20

构造柱与框架梁连接
底层构造柱竖筋锚入地圈梁或起始梁

圈梁
(QL)

构造柱
(具体布置尺寸详见建施图)
(楼梯处构造柱详见楼梯图)

挑板转角配筋详图 1:20

沉降观测点做法大样 1:20

主次梁交接钢筋大样 1:20

柱顶纵筋互焊锚固构造

3.3m≤短跨<4.2m板阴角加强筋大样 1:20
(仅在四大角设置)

门窗过梁大样 1:20
(两端各锚入砖墙≥250)

建筑设计院

注 册 师

（签字）

项目负责人

（签字）

××小学
教学综合楼

构造柱、过梁、框架梁、
挑板、洞口节点及
配筋详图

设计号	
图　别	结施
图　号	结施-12
设　计	
校　核	
审　核	
审　定	
日　期	

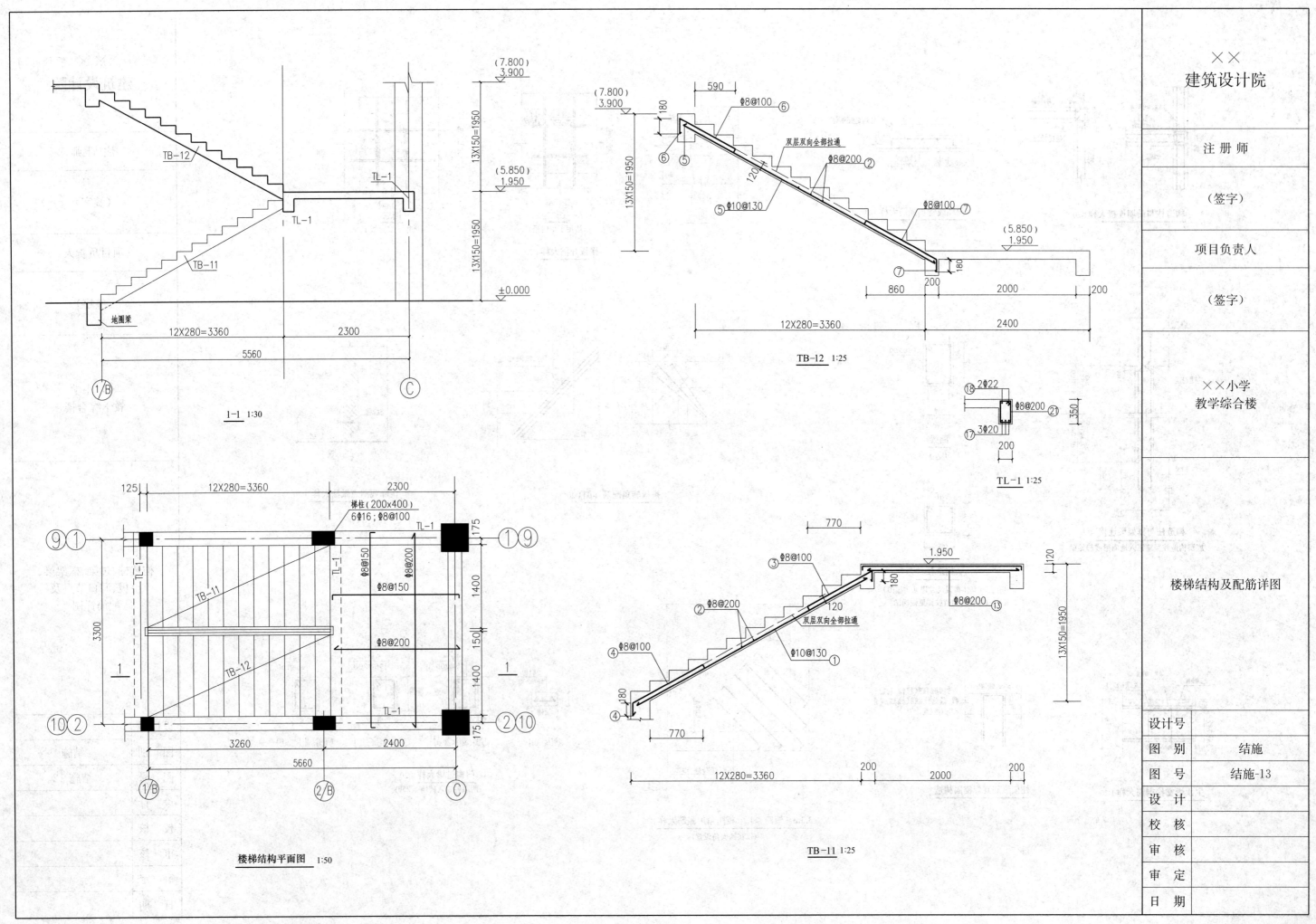

1-1 1:30

TB-12 1:25

TL-1 1:25

楼梯结构平面图 1:50

TB-11 1:25

72

2.4 给水排水施工图

给水排水施工图设计说明

一、设计依据

1.《建筑给水排水设计规范》GB 50015—2003(2009 版)

2.《建筑设计防火规范》GB 50016—2006

3.《建筑灭火器配置设计规范》GB 50140—2005

4.《室外给水设计规范》GB 50013—2006

5.《室外排水设计规范》GB 50014—2011

6.《云南省民用建筑节能设计标准》DBJ 53/T-39-2011

7. 建筑专业提供的条件图

二、设计概况

本工程为××小学教学综合楼,总建筑面积为 1249.5m²,建筑高度为12.15m,三层。本专业设计内容为室内外给水排水系统,建筑灭火器配置以及雨水系统。

三、生活给水系统

1. 水源:本工程的生活给水及消防给水均由校园自行引入。

2. 给水方式:采用上行下给的给水方式进行供水。

3. 用水量:本项目为学生综合楼,共有学生 330 人,根据《建筑给水排水设计规范》,综合楼的用水定额取 20L/人·天,则该栋综合楼的最高日用水量为 6.60m³,根据其用水量在屋顶设置 1 座 3t 的生活给水箱。

四、排水系统

1. 系统:仅设伸顶通气管。

2. 排水量:最高日排水量按照最高日给水量的 100%进行计算,则该综合楼的最高日排水量为 6.60m³。

3. 室内废水经排水管收集直接排至校园污水管网。

五、建筑灭火的设置

建筑灭火器应根据《建筑灭火器配置设计规范》GB 50140—2005 配置。本项目为综合楼,建筑灭火器配置场所的危险等级为中危险,火灾类型为 A 类火灾,选用 MF/ABC3 手提式磷酸铵盐干粉灭火器(最小灭火级别为 21A)。灭火器安装在灭火器箱内,安装高度灭火器底距地 0.1m,灭火器箱不得上锁,铭牌朝外。

六、消防系统

1. 室内消防:根据《建筑设计防火规范》GB 50016—2006,该综合楼建筑体积为 5060.48m³,不需要设置室内消火栓给水系统,又因为综合楼为人员密集场所,在综合楼内设置消防软管卷盘。

2. 室外消防:根据《建筑设计防火规范》GB 50016—2006,该综合楼建筑体积为 5060.48m³,其室外消防用水量为 15L/s,因为该学校所处位置无市政给水管网,室外消防用水通过在室外新建一座 144m³ 的消防水池,以满足火灾发生时 2 小时的消防用水量,消防水池的位置详见给水排水总平面图。

七、管材选用

1. 给水管、热水管用 PP-R 铝塑复合管,热熔连接。冷水管 P_N=1.25MPa,热水管 P_N=1.5MPa,消防给水管采用内外热镀锌钢管,丝扣连接,图中 DN 指公称直径,De 指公称外径。

2. 排水(废水、污水)用 UPVC 塑料管,粘接。

八、阀门与附件

1. 阀门:给水管横干管进入到用水点采用截止阀。

2. 附件:普通地漏水封高度不小于 50mm。

3. UPVC 排水管每两层设一个检查口。

九、管道敷设

1. 给水管以 0.2%~0.3%坡度敷设,坡向立管或泄水装置。

2. 排水管道横管与横管,横管与立管的连接应采用斜三通或 90°顺三通,排水立管转弯处采用两个 45°弯头。

3. 所有立管应紧贴墙柱敷设,并按规定设管卡。

4. 排水管坡度如图所示,未标注的按规范的标准坡度 2.6%进行施工。

5. 屋顶水箱的详细安装位置由结施图确定。

6. 屋顶给水管、热水管用铝箔包裹,防止紫外线照射加速老化。

7. 埋地给水、排水管穿过梁或混凝土墙时,均应预埋钢套管,给水管套管尺寸一般比安装尺寸大两号,排水管一般比安装尺寸大一号。

十、节水节能设计

1. 本工程所选用的卫生器具均为节水型卫生器具,冲洗水箱每次的冲洗水量不超过 6L。

2. 五金配件均采用住建部规定的节水型配件。

十一、其他

1. 图中标高以 m 计,其他尺寸以 mm 计,给水、热水管标高指管中心线标高,排水管标高指管内底标高。

2. 室内给水横支管均采用暗装。

3. 本工程所选用的标准图集为:

(1)《钢筋混凝土化粪池》图集号 03S702

(2)《给水排水标准图集》(排水设备及卫生器具安装)图集号 S3

(3)《给水排水标准图集》(室外给水排水管道工程及附属设施(二))图集号 S5(二)

4. 图中所有未尽事,均须严格按国家有关施工及验收规范执行,如有修改以书面变更通知为准。

UPVC 塑料管最大支承间距

管径	最大支承间距(m)		管径	最大支承间距(m)	
	立管	横管		立管	横管
De40	—	0.40	De110	2.00	1.10
De50	1.50	0.50	De160	2.00	1.60
De75	2.00	0.75			

注:管道底部应设支墩或采取牢固的固定措施。

主要设备及材料表

序号	图例	名称	规格	单位	数量	备注
1	—J—	PP-R 给水管	De20	m	按实	
2	—J—	PP-R 给水管	De25	m	按实	
3	—J—	PP-R 给水管	De32	m	按实	
4	—J—	PP-R 给水管	De40	m	按实	
5	—F—	排水 PVC-U	De75	m	按实	
6	—F—	排水 PVC-U	De110	m	按实	
7	—F—	排水 PVC-U	De160	m	按实	
8		套管伸缩器	De75	个	6	
9		截止阀	De25	个	6	
10		止回阀	De32	个	1	
11		水表	De32	个	1	
12		浮球阀	De32	个	2	
13		球阀	De32	个	7	
14		球阀	De40	个	1	
15		闸阀	De32	个	1	
16		消防软管卷盘		个	3	
17		消防软管卷盘		个	3	
18		圆地漏	De75	个	6	
19		地漏(P 型弯)	De75	个	6	
20		存水弯(位于楼板下)	De75	个	12	
21		普通龙头	De20	个	6	
22		塑料检查井	φ700	个	3	
23		检查口	De75	个	4	
24		通气帽	De75	个	2	
25		台式洗脸盆		套	6	
26		拖布盆		套	6	
27		ABC 干粉灭火器	3kg/具	具	12	
28		屋顶不锈钢生活水箱 3t		座	1	

××
建筑设计院

注 册 师

(签字)

项目负责人

(签字)

××小学
综合楼

给水排水施工图设计说明、
主要设备及材料表

设计号	
图 别	水施
图 号	水施-01
设 计	
校 核	
审 核	
审 定	
日 期	

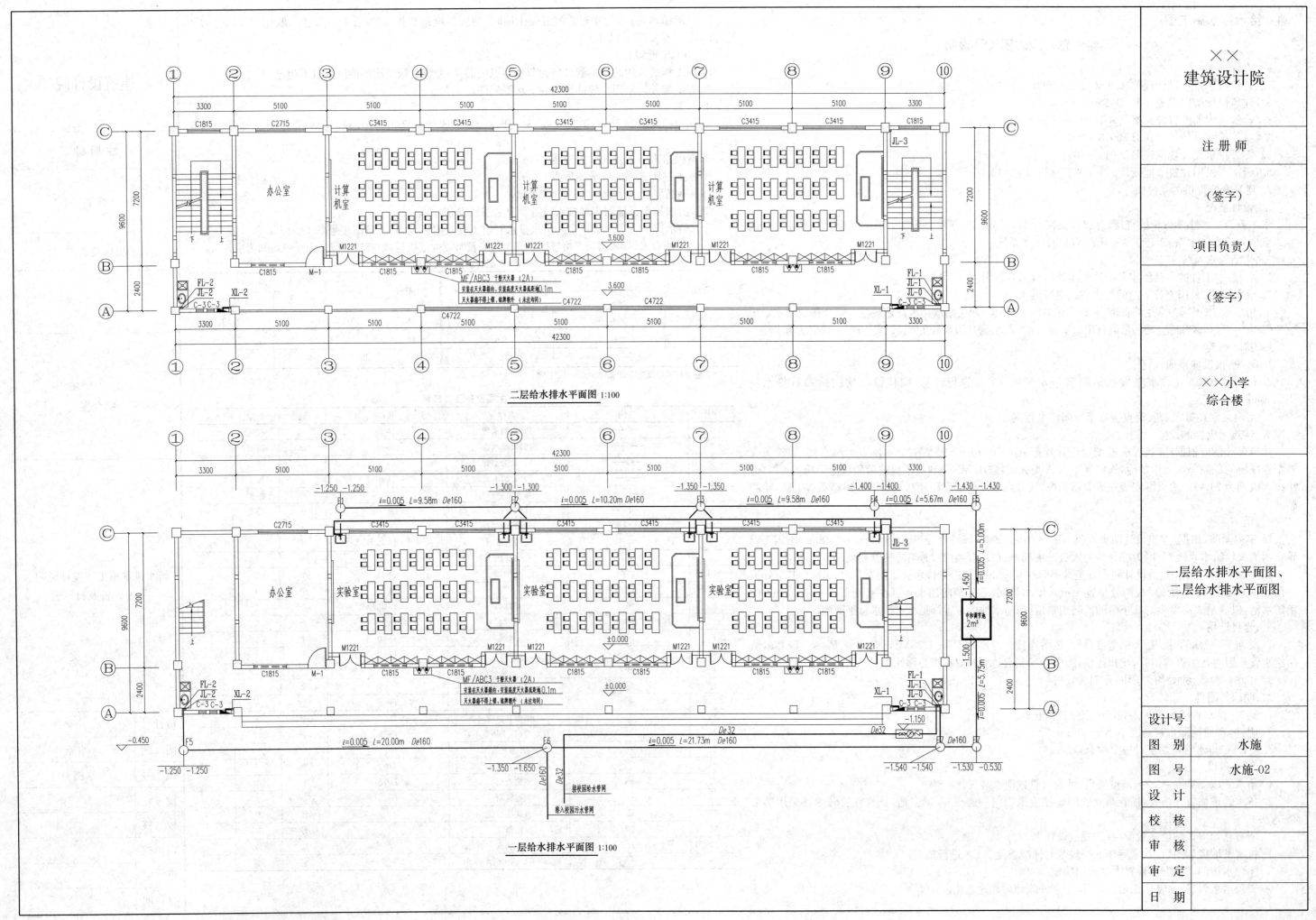

二层给水排水平面图 1:100

一层给水排水平面图 1:100

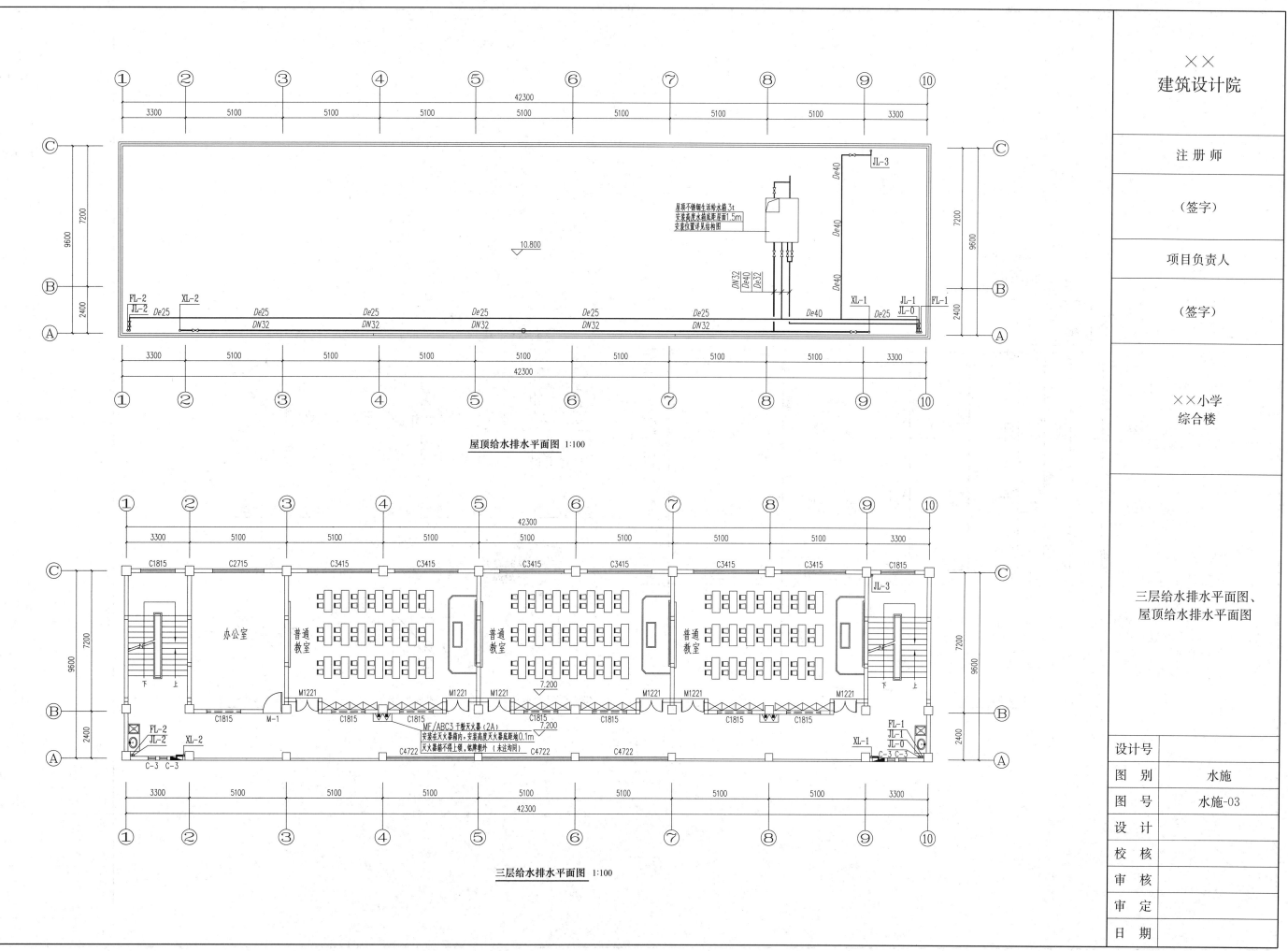

屋顶给水排水平面图 1:100

三层给水排水平面图 1:100

× ×
建筑设计院

注 册 师

（签字）

项目负责人

（签字）

× ×小学
综合楼

三层给水排水平面图、
屋顶给水排水平面图

设计号	
图 别	水施
图 号	水施-03
设 计	
校 核	
审 核	
审 定	
日 期	

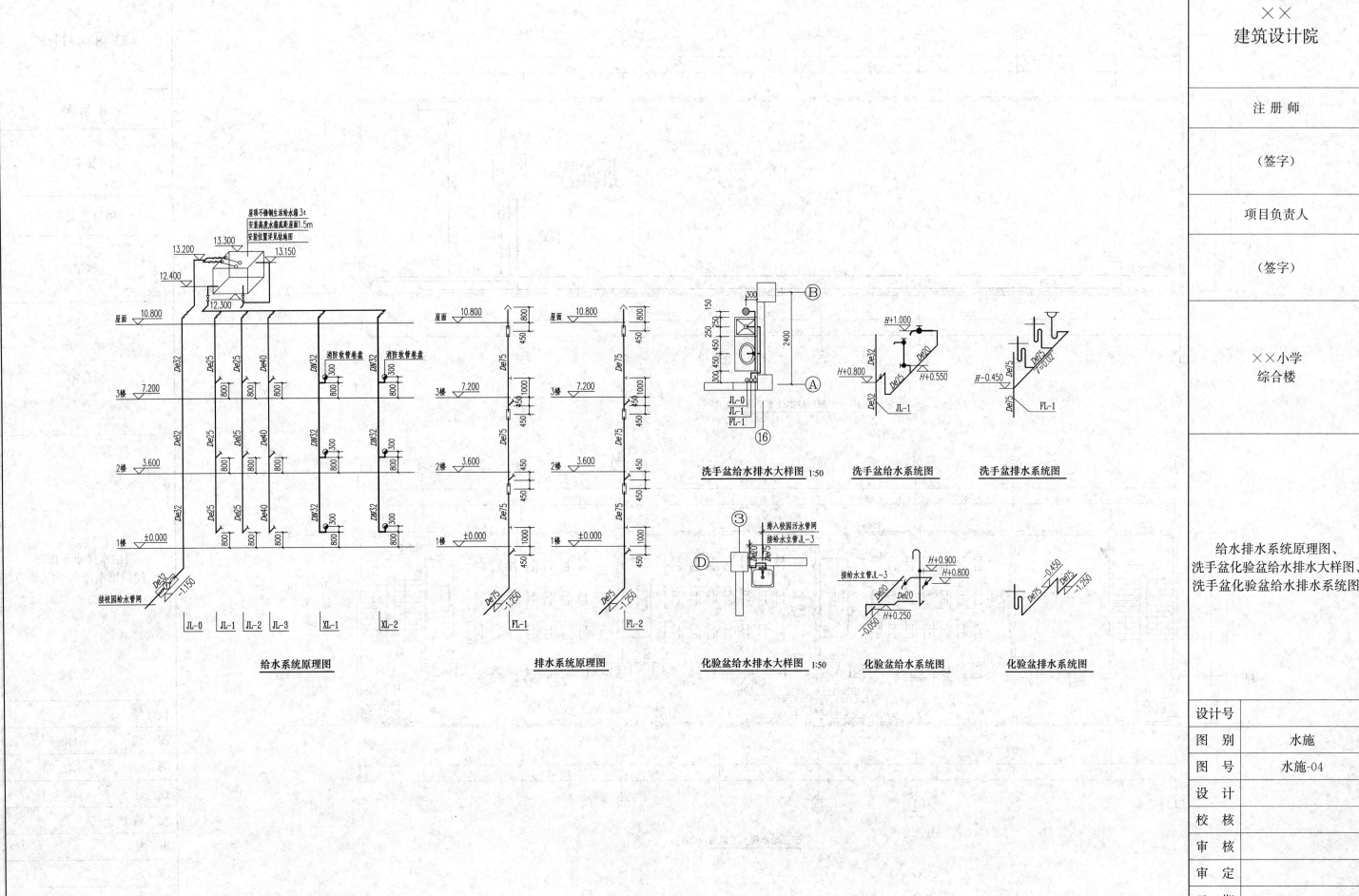

给水系统原理图

排水系统原理图

洗手盆给水排水大样图 1:50

洗手盆给水系统图

洗手盆排水系统图

化验盆给水排水大样图 1:50

化验盆给水系统图

化验盆排水系统图

屋顶不锈钢生活给水箱3t
安装高度水箱底距屋面1.5m
安装位置详见结施图

消防软管卷盘

消防软管卷盘

接校园给水管网

排入校园污水管网
接给水立管JL-3

接给水立管JL-3

××
建筑设计院

注 册 师

（签字）

项目负责人

（签字）

××小学
综合楼

给水排水系统原理图、
洗手盆化验盆给水排水大样图、
洗手盆化验盆给水排水系统图

设计号	
图 别	水施
图 号	水施-04
设 计	
校 核	
审 核	
审 定	
日 期	

2.5 电气施工图

电气施工图设计说明

一、设计依据

1.《民用建筑电气设计规范》JGJ 16—2008

2.《低压配电设计规范》GB 50054—2011

3.《建筑设计防火规范》GB 50016—2006

4.《建筑照明设计标准》GB 50034—2013

5.《中小学校设计规范》GB 50099—2011

6. 本院其他专业提供的条件及甲方设计委托书

二、工程概况

本工程为原有校园内新增设的教学综合楼，共三层。

三、设计范围

1. 低压配电系统及照明；

2. 建筑物防雷、接地系统及安全措施；

3. 电话、网络及闭路电视系统；

4. 校园广播系统。

四、供配电系统

1. 负荷分类：二级负荷：各层疏散通道照明（采用蓄电池持续供电时间不小于 30 分钟）；三级负荷：一般照明等。

2. 供电电源：由学校总配电室引至；进线电缆从手孔井进入建筑一楼的照明配电箱。

3. 供电方式：采用树干式和放射式相结合的供电方式。

4. 照明配电：照明、插座均由不同的支路供电。

5. 照度设计：教室及办公室的设计照度为 300Lx，楼道及楼梯间照度为 50～100Lx，照度均匀度不小于 0.7。教室及办公室采用高效荧光灯，楼道及楼梯间采用高效节能灯具。

6. 强弱电插座间距不小于 0.3m。

五、设备安装

1. 箱柜：配电箱安装高度为底边距地 2.0m。

2. 插座：所有电源插座均采用安全型插座，油烟机插座中距地 1.9m；其余插座墙上安装高度均为中距地 0.3m。

3. 开关：声控开关安装高度为中距地 1.9m，其余开关的安装高度为中距地 1.4m，距门边 0.15m；平面图上已经注明安装方式及高度的，以平面图为准。

六、导线选择及敷设

1. 本工程进线采用 YJV 聚乙烯电力电缆穿管埋地敷设，所有室外管线埋设深度不小于 0.6m。

2. 配电箱出线采用 BV 型导线经墙、楼板内穿阻燃线管暗敷至各用电点。

七、建筑物防雷、接地系统及安全措施

（一）建筑物防雷

1. 本工程为人员密集场所，经计算预计累计次数为 0.0786，大于 0.05，按照二类防雷处理。

2. 接闪器：在屋顶采用 φ10 热镀锌圆钢作避雷带，屋顶避雷带连接网格不大于 10m×10m 或 12m×8m。

3. 引下线：利用建筑物钢筋混凝土柱子或剪力墙内两根 φ16 以上主筋通长焊接作为引下线，引下线的间距不大于 18m。

4. 接地极见一层接地及弱电平面图。

5. 置于屋面上的不锈钢水箱，太阳能热水器均应与屋顶避雷带做可靠焊接，且焊接点不少于 2 处。

（二）接地及安全措施

1. 本工程防雷接地、电气设备的保护接地要求接地电阻不大于 1Ω，实测不满足要求时，增设人工接地极。

2. 本工程接地采用 TN-C-S 系统，电源在一层配电箱内做零线重复接地，并与防雷接地共用接地极。

八、弱电系统设置

1. 本设计为预留管线，提供等电位联结的条件；预留线管至各终端插座；由各相关部门做深化设计及设备选型。

2. 弱电交接箱及电视分支箱安装高度为中距地 1.5m。

3. 电视、电话及网络信息插座安装高度为底边距地 0.3m。

4. 楼道设置扬声器，各教室设置扬声器插座，安装高度见平面标注。

5. 弱电桥架采用阻燃弱电桥架，型号 100×50，安装高度见平面标注。

九、电气节能设计

1. 将总配电箱设置在负荷中心区域，减少线路损耗且供电半径小于 50m。

2. 选用绿色环保型电器产品，避免因电气设备的使用因素带来能耗。

3. 选用高效节能型照明灯具。

4. 公共场合合理配置灯具，尽量减少开关对灯具的控制数量，并采用声光延时控制等节能方式。

十、其他

施工单位要严格遵守国家有关规范、规程进行施工，供电、通信、电视线路等施工前，建设单位应向有关管理部门协商获准后方可施工。

1. 凡与施工有关而未说明之处，参见《建筑电气安装工程图集》、《建筑电气通用图集》，或与设计协商解决。未经设计人员许可，不得擅自更改图纸。

2. 进行电气工程施工时，须与其他专业密切配合。如发现各专业之间有矛盾，表达不清或其他问题，须通知设计单位进行处理，若施工单位单方解决，则一切后果由施工单位承担。

3. 未经施工图审查的设计图不得指导施工。

| ×× |
| 建筑设计院 |

| 注册师 |
| （签字） |

| 项目负责人 |
| （签字） |

| ××小学 |
| 综合楼 |

| 电气施工图设计说明 |

设计号	
图别	电施
图号	电施-01
设计	
校核	
审核	
审定	
日期	

主要材料表

序号	图例	名称	型号(规格)	单位	数量	备注
1		配电箱 1AL 2AL 3AL	甲方定制	台	3	
2		开关箱 AL1 AL2 AL3	PZ40	台	9	
3		弱电交接箱	自定	台	1	
4		弱电分线箱	自定	台	1	
5	VP	电视放大箱	自定	台	1	
6	MEB	接地端子箱	ME(R)-A	台	1	
7		双管荧光灯	MY-402B	盏	105	
8	HB	荧光黑板灯	自定	盏	18	
9		吸顶灯	MX-C32CXYA	盏	41	
10	E	出口指示灯	YJ121EL-05	盏	4	
11		疏散指示灯	YJ-022EL-02	盏	10	
12		疏散指示灯	YJ-022EL-02	盏	2	
13		应急照明灯	YJ-052A	盏	20	
14		单联单控暗开关	250V 10A	只		
15		双联单控暗开关	250V 10A	只		
16		三联单控暗开关	250V 10A	只		
17		声控自熄暗开关	DK-4	只		
18		带接地插孔三相插座	250V 10A	个		
19		安全型二、三级暗装插座	250V 10A	个		
20	TP	电话插座	自定	个		
21	TO	网络插座	自定	个		
22	TV	电视插座	自定	个		
23		扬声器插座	自定	个		
24		铜芯电缆	YJV-0.6/1kV-4×25	m		
25		铜芯导线	BV-16	m		
26		铜芯导线	BV-10	m		
27		铜芯导线	BV-4	m		
28		铜芯导线	BV-2.5	m		
29		镀锌钢管	S50	m		
30		电线管	PVC32	m		
31		电线管	PVC25	m		
32		电线管	PVC20	m		
33		电线管	PVC16	m		
34		金属线槽		m		
35		阻燃弱电线槽		m		
36		镀锌扁钢	-40×5	m		
37		镀锌圆钢	Φ10	m		
38		镀锌接地极	L63×63×5×2500	根		

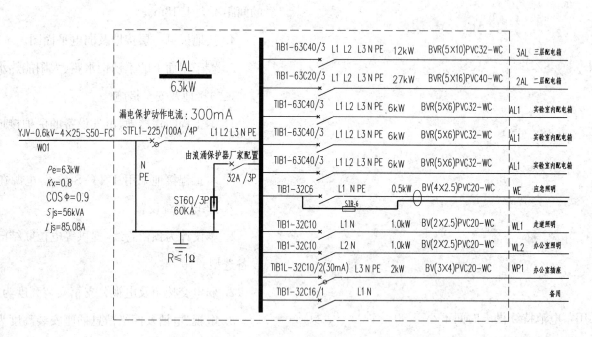

配电箱结线图

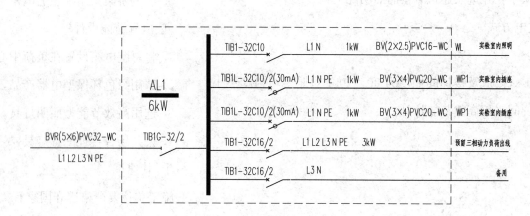

配电箱结线图

××
建筑设计院

注 册 师

(签字)

项目负责人

(签字)

××小学
综合楼

主要材料表、
配电箱结线图

设计号	
图 别	电施
图 号	电施-02
设 计	
校 核	
审 核	
审 定	
日 期	

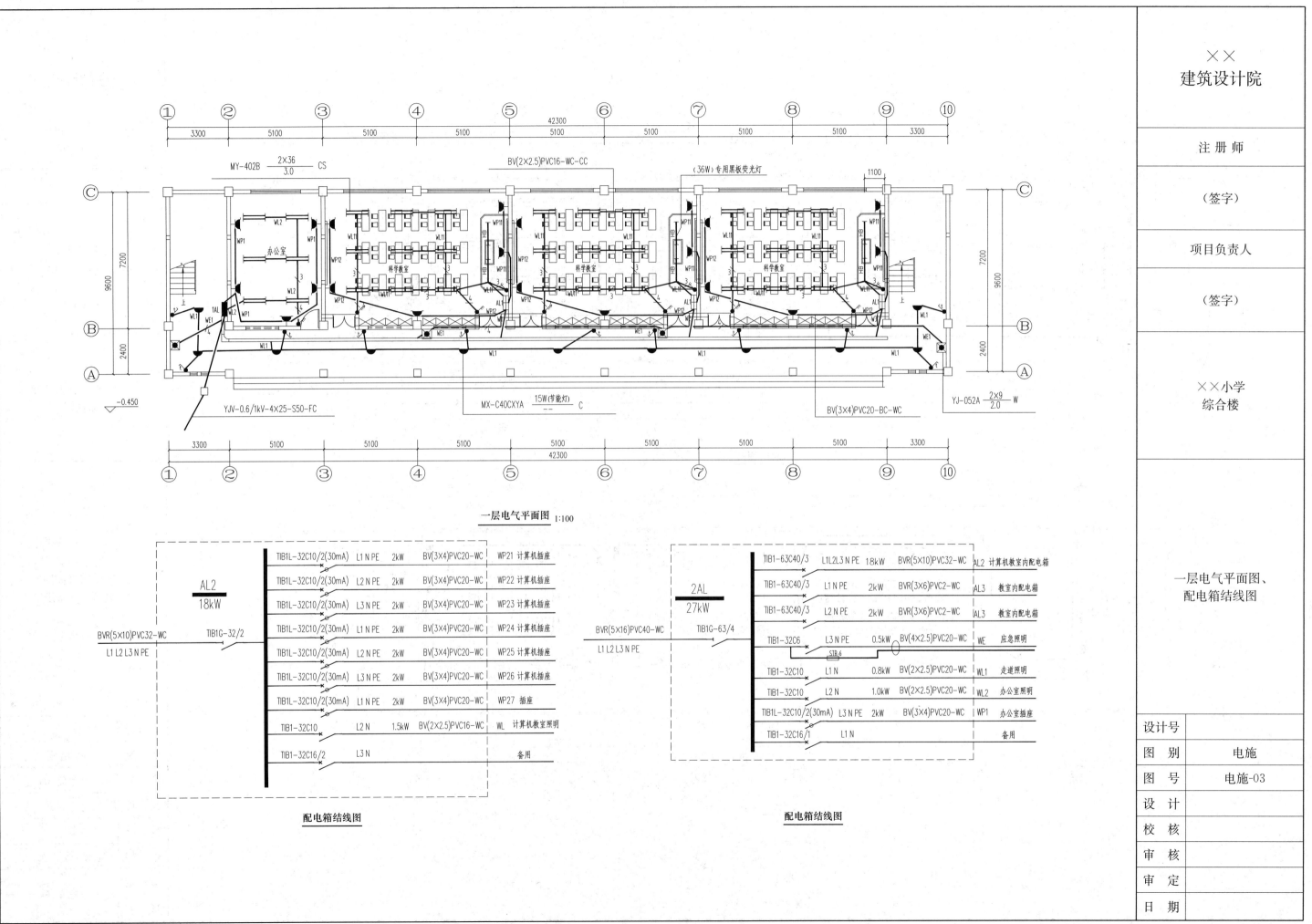

一层电气平面图 1:100

配电箱结线图

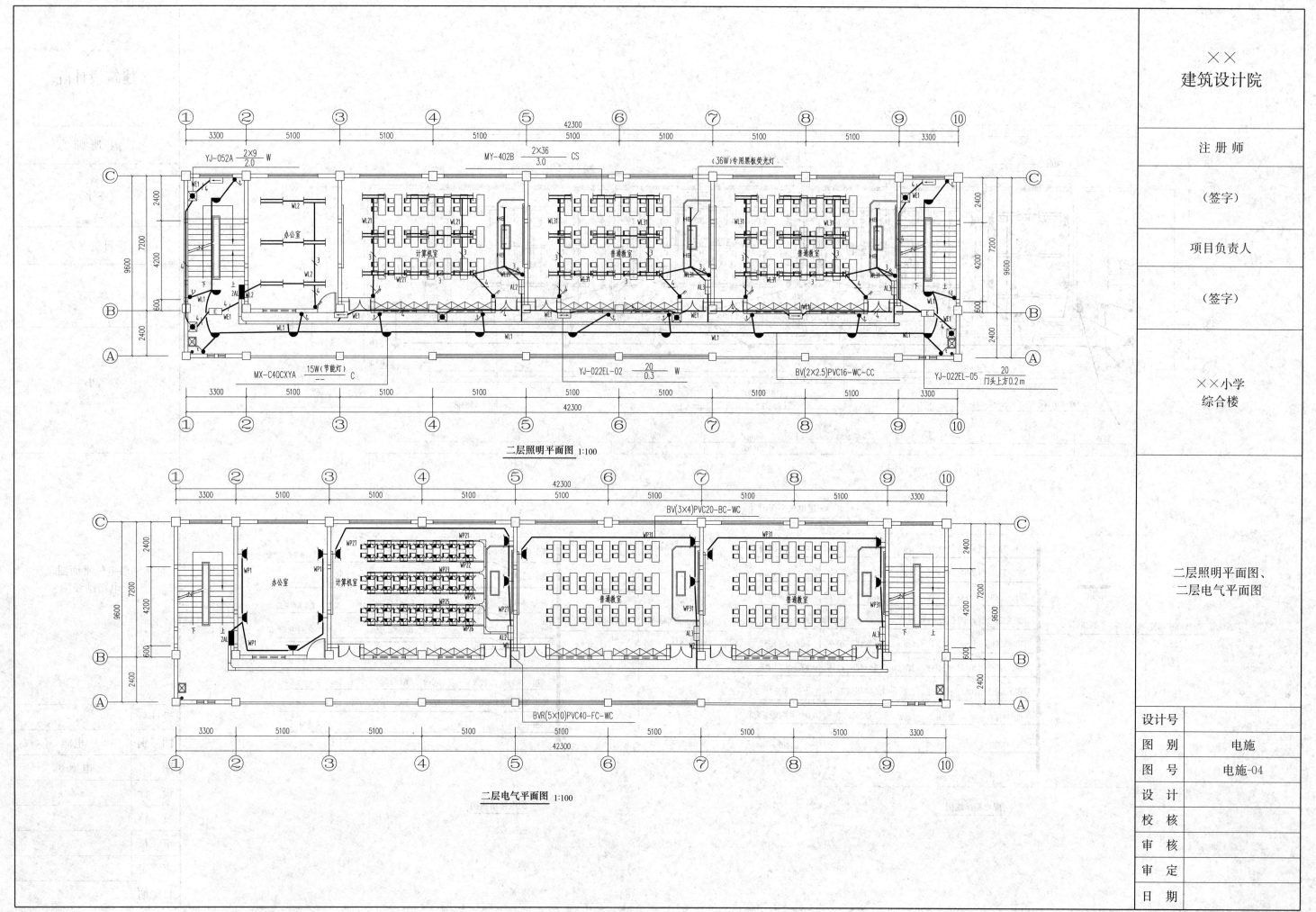

二层照明平面图 1:100

二层电气平面图 1:100

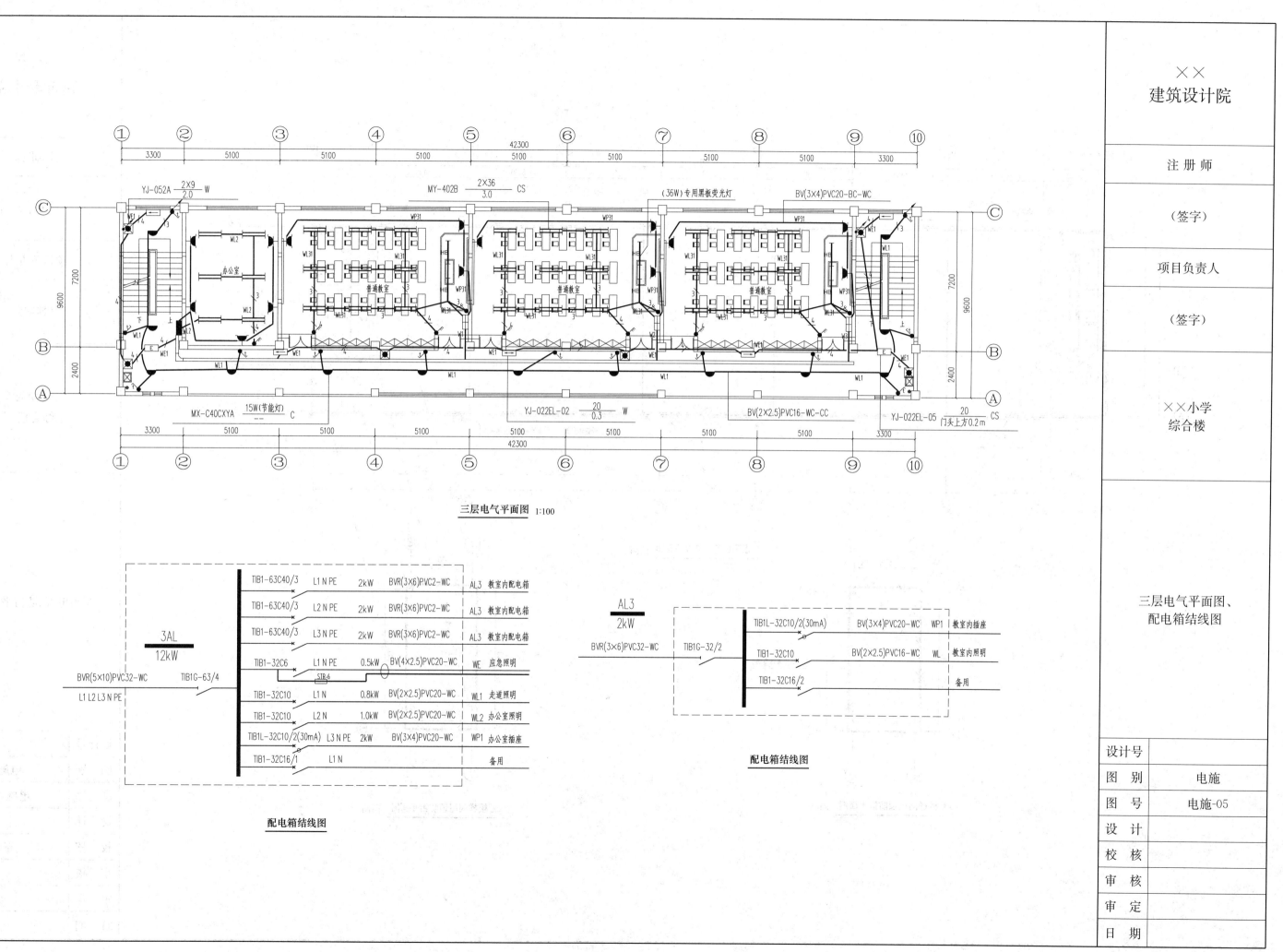

三层电气平面图 1:100

TIB1-63C40/3　L1 N PE　2kW　BVR(3×6)PVC2-WC　AL3 教室内配电箱

TIB1-63C40/3　L2 N PE　2kW　BVR(3×6)PVC2-WC　AL3 教室内配电箱

TIB1-63C40/3　L3 N PE　2kW　BVR(3×6)PVC2-WC　AL3 教室内配电箱

3AL
12kW

BVR(5×10)PVC32-WC　TIB1G-63/4

L1 L2 L3 N PE

TIB1-32C6　L1 N PE　0.5kW　BV(4×2.5)PVC20-WC　WE 应急照明
STR-6

TIB1-32C10　L1 N　0.8kW　BV(2×2.5)PVC20-WC　WL1 走道照明

TIB1-32C10　L2 N　1.0kW　BV(2×2.5)PVC20-WC　WL2 办公室照明

TIB1L-32C10/2(30mA)　L3 N PE　2kW　BV(3×4)PVC20-WC　WP1 办公室插座

TIB1-32C16/1　L1 N　备用

配电箱结线图

AL3
2kW

BVR(3×6)PVC32-WC　TIB1G-32/2

TIB1L-32C10/2(30mA)　BV(3×4)PVC20-WC　WP1 教室内插座

TIB1-32C10　BV(2×2.5)PVC16-WC　WL 教室内照明

TIB1-32C16/2　备用

配电箱结线图

建筑设计院 ××

注 册 师

（签字）

项目负责人

（签字）

××小学
综合楼

三层电气平面图、
配电箱结线图

设计号	
图　别	电施
图　号	电施-05
设　计	
校　核	
审　核	
审　定	
日　期	

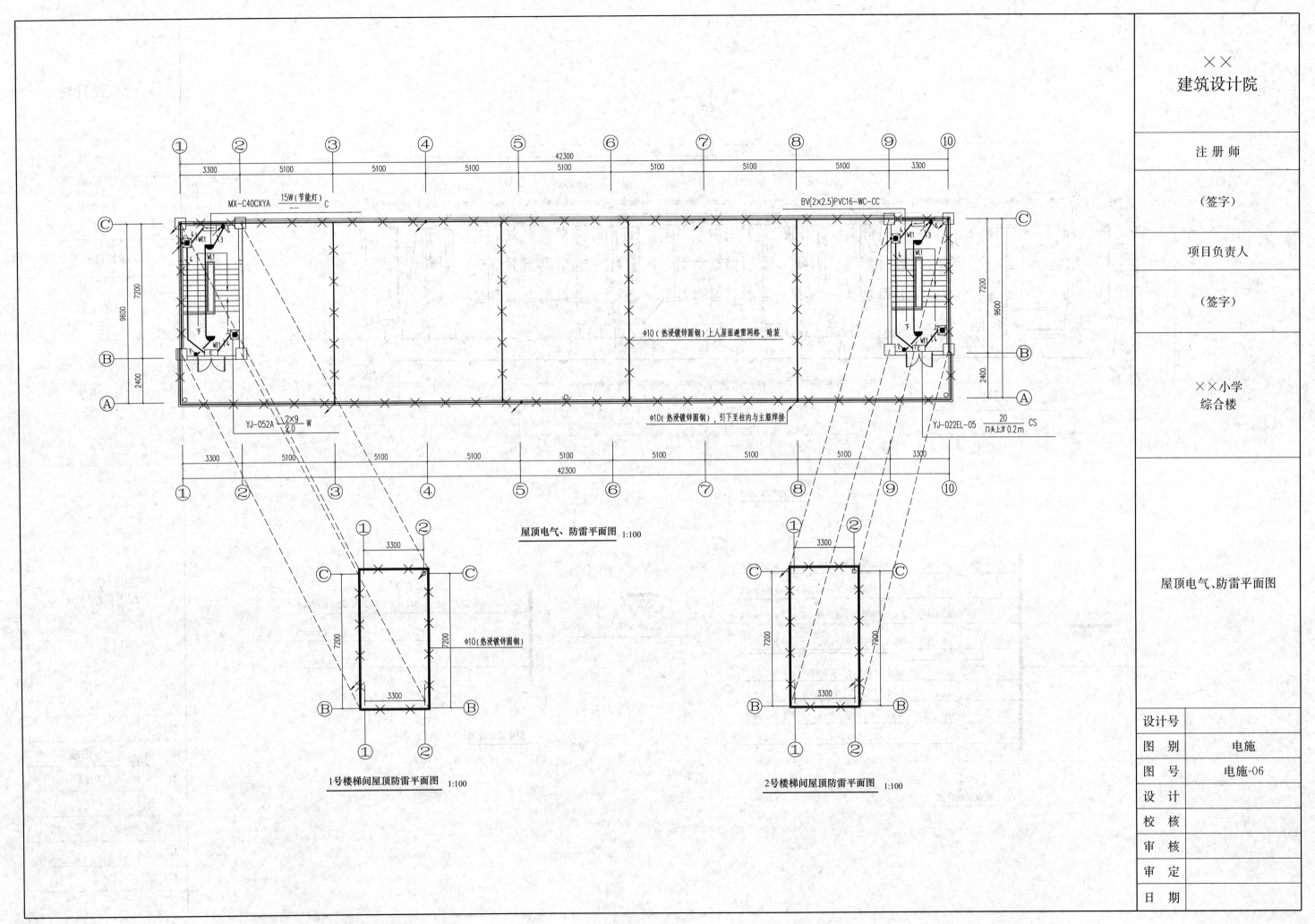

MX-C40CXYA 15W(节能灯) C

BV(2×2.5)PVC16-WC-CC

Φ10(热浸镀锌圆钢)上人屋面避雷网格,暗装

Φ10(热浸镀锌圆钢),引下至柱内与主筋焊接

YJ-052A 2×9 / 2.0 W

YJ-022EL-05 20 / 门头上方0.2m CS

屋顶电气、防雷平面图 1:100

Φ10(热浸镀锌圆钢)

1号楼梯间屋顶防雷平面图 1:100

2号楼梯间屋顶防雷平面图 1:100

×× 建筑设计院

注 册 师

(签字)

项目负责人

(签字)

××小学
综合楼

屋顶电气、防雷平面图

设计号	
图　别	电施
图　号	电施-06
设　计	
校　核	
审　核	
审　定	
日　期	

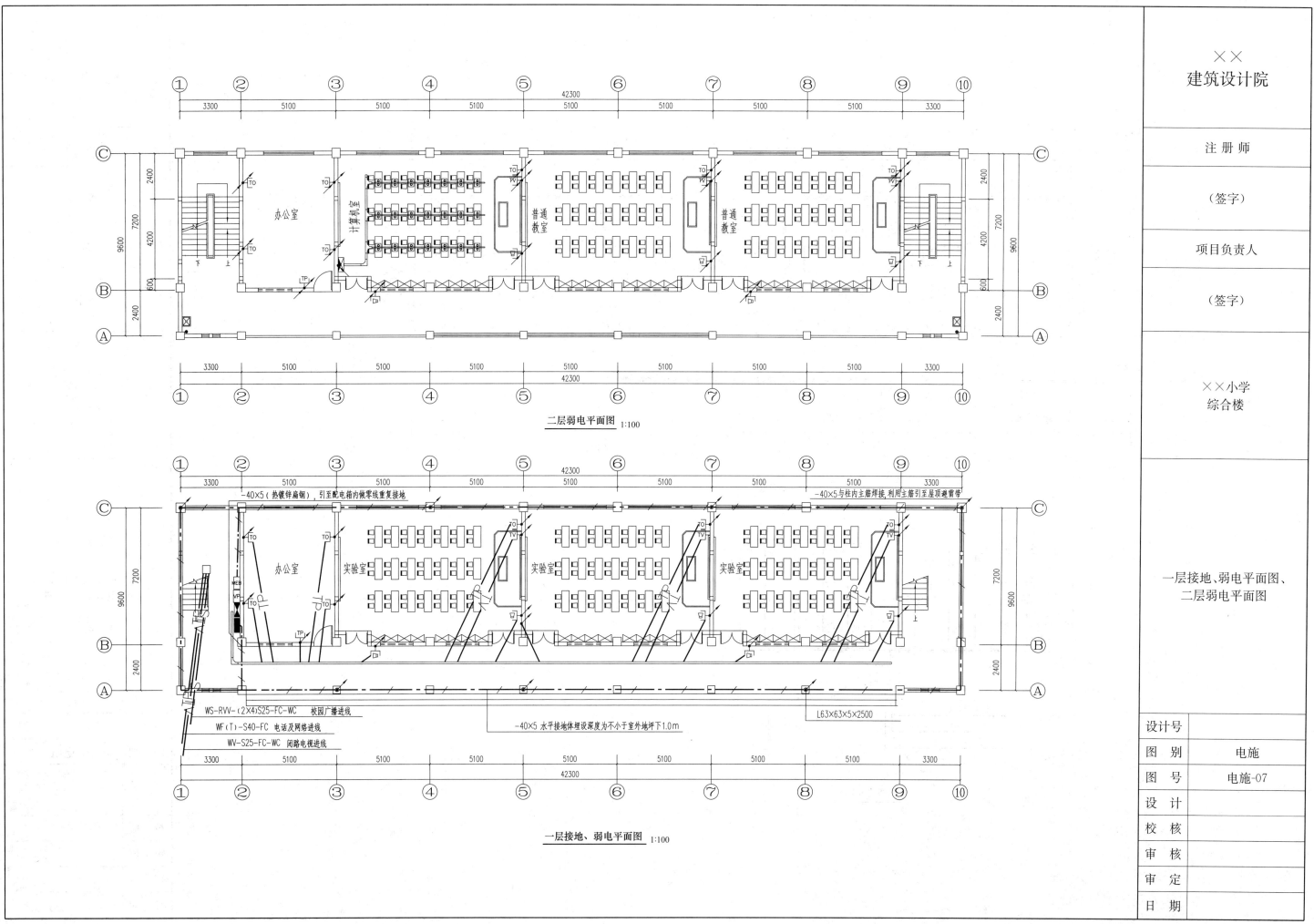

二层弱电平面图 1:100

一层接地、弱电平面图 1:100

注 册 师

（签字）

项目负责人

（签字）

××小学
综合楼

一层接地、弱电平面图、
二层弱电平面图

设 计 号

图 别　电施

图 号　电施-07

设 计

校 核

审 核

审 定

日 期

WS-RVV-（2×4）S25-FC-WC　校园广播进线

WF(T)-S40-FC　电话及网络进线

WV-S25-FC-WC　闭路电视进线

-40×5 水平接地体埋设深度为不小于室外地坪下1.0m

L63×63×5×2500

-40×5（热镀锌扁钢）引至配电箱内做零线重复接地

-40×5与柱内主筋焊接，利用主筋引至屋顶避雷带

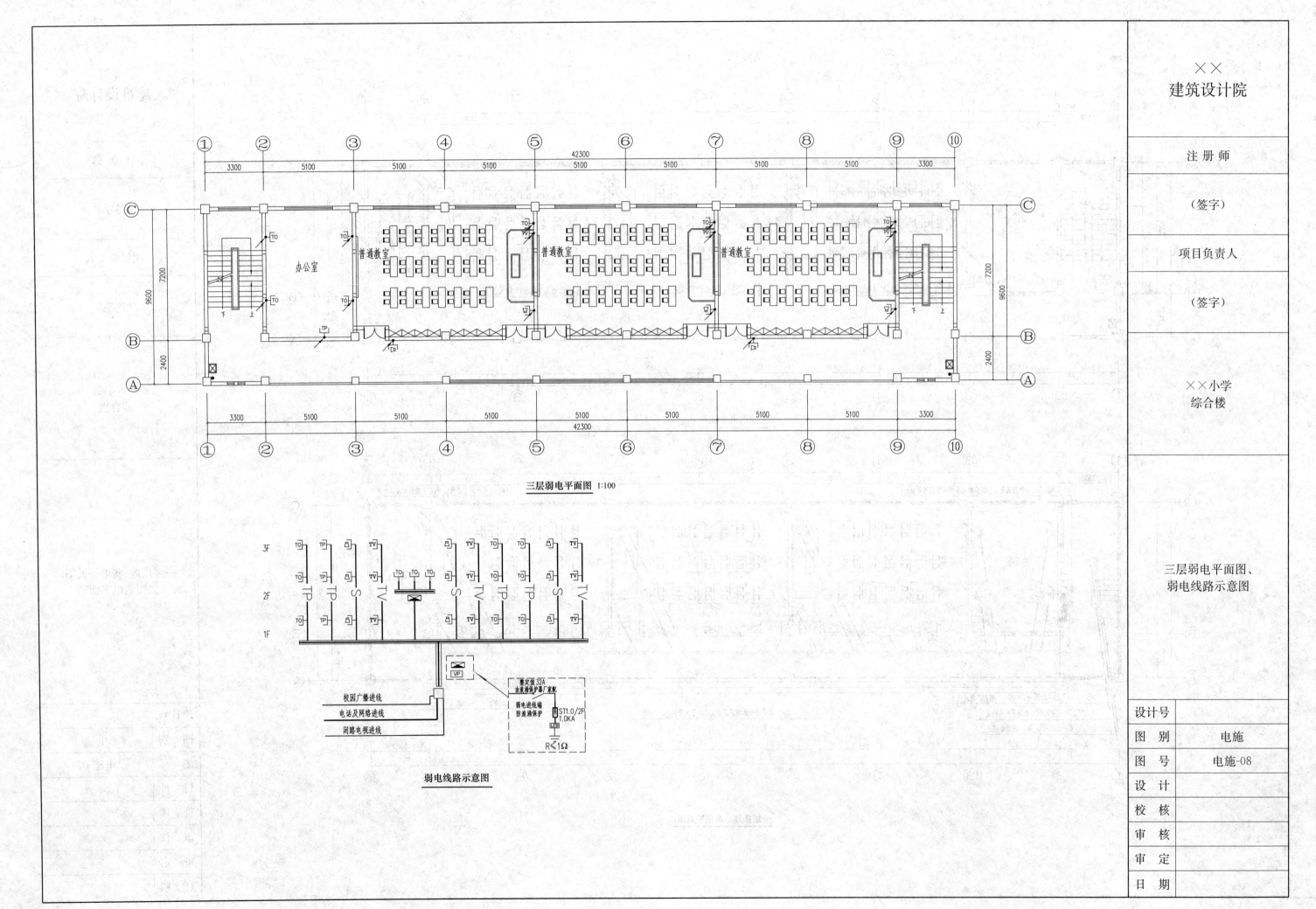

三层弱电平面图 1:100

弱电线路示意图

注 册 师

（签字）

项目负责人

（签字）

××小学
综合楼

三层弱电平面图、
弱电线路示意图

设计号	
图 别	电施
图 号	电施-08
设 计	
校 核	
审 核	
审 定	
日 期	

办公室

普通教室

普通教室

普通教室

校园广播进线

电话及网络进线

闭路电视进线

整定值32A
由浪涌保护器厂家配
弱电进线端
防浪涌保护
ST1.0/2P
1.0KA
R≤1Ω

84